Armin Täubner

Krippen bauen

Krippe von Ernst Kemmler, Reutlingen-Betzingen

Anregungen und Tips zum Selbstbau

Frech-Verlag Stuttgart

Herzlichen Dank *Herrn Pfarrer Schär, Metzingen, Herrn Bürgermeister Hägele, Hohenstein, den Killertaler Krippenbauern, dem Krippenbauverein Ichenhausen, sowie den zahlreichen Krippenbauern, die durch ihre Bemühungen und Erfahrungen sehr zum Gelingen dieses Buches beigetragen haben. Besonderen Dank auch den Krippenbauern, deren Krippe hier in diesem ersten Buch noch nicht veröffentlicht werden konnte.*

Auflage: 5. 4. 3. | Letzte Zahlen
Jahr: 1992 91 90 89 | maßgebend

ISBN 3-7724-1157-6 · Best.-Nr. 1157

frech-verlag
GmbH + Co. Druck KG Stuttgart
Druck: Frech, Stuttgart 31

Inhalt

Jedes Jahr, wenn die erste Kerze des Adventskranzes ihr stimmungsvolles Licht verbreitet und emsige Hände mit den Weihnachtsbasteleien beschäftigt sind, wird in vielen Familien bereits die Weihnachtskrippe aufgebaut. Doch das Basteln, Bauen und Gestalten der Krippe und evtl. auch der Figuren muß natürlich schon lange vorher beginnen.

In vielen Familien sind Krippenfiguren vorhanden: alte, sehr wertvolle Erbstücke, vielleicht auch selbstgefertigte Figuren aus Holz, Ton, Gips, Wachs und anderen Materialien oder einfach im Fachhandel erworben.

Wie Sie eine Krippe für Ihre Figuren selbst bauen können, werde ich Ihnen mit vielen Detailzeichnungen erläutern. Trotz der großen Zahl an Farbfotografien kann ich Ihnen natürlich nur einen kleinen Teil der Möglichkeiten vorstellen. Wenn Sie für Ihre Figuren eine Krippe bauen, werden neue Varianten dazukommen. Jeder wird beim Nacharbeiten Änderungen und Ergänzungen vornehmen, die ihm besser gefallen oder die seinen handwerklichen Fähigkeiten und Fertigkeiten mehr entgegenkommen. Genau dies ist auch die Absicht dieses Buches: Die Fülle der Abbildungen soll Sie dazu anregen, interessante und dekorative Details auszuwählen und daraus Ihre eigene Krippe zu entwickeln.

Nach dem Durchblättern dieses Buches wird Ihnen sicher die eine oder andere Krippe gut gefallen. Wenn es dann um den Selbstbau einer Krippe geht, müssen Sie sich zunächst überlegen, wie Sie die notwendigen Materialien und Werkzeuge beschaffen können. Bei manchen sehr detailliert ausgearbeiteten Krippen muß eine gewisse Erfahrung im Umgang mit Material und Werkzeug vorausgesetzt werden. Aber warum auch gleich mit dem Schwierigsten beginnen? Suchen Sie sich doch für den Anfang eine einfache Krippe aus! Ich kenne Hobby-Künstler, die für jedes Weihnachtsfest entweder eine neue Krippe bauen oder aber eine bereits vorhandene gründlich überarbeiten bzw. erweitern. Andere basteln in der Vorweihnachtszeit in liebevoller Kleinarbeit allerlei Krippenzubehör wie Sensen, Rechen, Schubkarren, Brunnen und vieles andere.

Was ist eine Krippe?

Das Wort „Krippe" hängt vom Wortsinn her eng zusammen mit Flechtwerk, Gehege, Zaun und Korb. Tatsächlich wurden früher oft geflochtene Futtertröge verwendet. Und weil Mensch und Vieh unter dem gleichen Dach lebten, diente der Futtertrog auch als Krippe für die kleinen Kinder. Bezog sich das Wort Krippe zunächst nur auf den Futtertrog, wurde seine Bedeutung im Laufe der Zeit auf die ganze Krippenlandschaft samt den Figuren erweitert.

Weihnachtskrippen gehören zu den schönsten Zeugnissen der Volkskunst und Volksfrömmigkeit. In einer Landschaft, in deren Mitte sich ein Bauwerk, ein Stall oder eine Höhle befindet, werden die Ereignisse der Geburt Jesu szenisch dargestellt. Dabei geht es den Krippenbauern meist nicht so sehr um historische Genauigkeit. Es wird also nicht unbedingt versucht, eine orientalische Landschaft mit entsprechenden Gebäuden originalgetreu zu bauen und die Figuren mit der landesüblichen Kleidung auszustatten. Vielmehr erinnern die Gebäude oft an heimatliche Bauernhöfe, Ställe oder Schuppen, und die Personen tragen die ortsübliche Tracht. Durch das Übertragen dieses Ereignisses in eine vertraute Umgebung war und ist es für den Krippenbauer und seine Familie einfacher, sich mit einzelnen Figuren zu identifizieren und das Dargestellte nachzuvollziehen.

Die wohl älteste Weihnachtskrippe steht in der Sixtinischen Kapelle der Kirche von S. Maria Maggiore in Rom. Sie wurde 1289 von Arnolfo di Cambio aus Marmor gefertigt und 1291 dieser Kirche gestiftet. Die Krippe hat die Form eines kleinen Hauses, in dem die Anbetung der Könige dargestellt wird.

Nachdem lange Zeit Weihnachtskrippen vorwiegend in Klöstern und Kirchen aufgestellt waren und im 16. Jahrhundert von Jesuiten und Franziskanern auch zu Missionszwecken benützt wurden, verbreitete sich im 18. Jahrhundert die Sitte des häuslichen Krippenbaues sehr schnell. Doch nicht alle Teile Europas wurden vom Krippenfieber angesteckt: Im Süden sind die Hochburgen des Krippenbaues Italien, Spanien, Portugal und Südfrankreich, im Osten nur Polen und die Tschechoslowakei und in Mitteleuropa Österreich und vor allem der Süden Deutschlands.

Drei Grundregeln für den Krippenbau

1. Der geplante **Aufstellungsort** ist maßgebend für die Größe der Krippe. Ist reichlich Platz vorhanden, kann das Krippengebäude größer dimensioniert oder eine ganze Krippenlandschaft angelegt werden.

2. Wer die **Krippenfiguren** nicht selbst herstellen kann, sollte sie sich vor Baubeginn besorgen, denn die Größe der Gebäude muß genau auf die Figuren abgestimmt werden.

3. Der ungefähre **Grundriß** und Skizzen der **Seitenansichten** sollten unbedingt angefertigt werden. Durch die dazu erforderliche intensive Auseinandersetzung kann der Krippenbauer verschiedene bautechnische Möglichkeiten und die Verwendung bestimmter Materialien auf ihre Eignung hin durchspielen. Nach der Entscheidung für einen bestimmten Baustil, das Material und die Bautechnik, werden Grundriß und Seitenansichten detailliert, wenn möglich im Maßstab 1:1, gezeichnet.

Der Standort

Der Standort sollte so ausgewählt werden, daß die Krippe leicht zugänglich ist. Damit die Heilige Familie und die vielen liebevoll ausgearbeiteten Details an den Figuren, den Gebäuden und der Landschaft gut erkennbar sind, baut man die Krippe auf einem Tisch oder einer Stellage auf. Die Nähe einer Steckdose ist wichtig, um eine angemessene Beleuchtung zu ermöglichen.

Die Beleuchtung

Tagsüber reicht das Sonnenlicht meist aus, aber sobald es dunkel wird, stellt sich die Frage nach einer geeigneten Beleuchtung. Die meisten Krippen werden elektrisch beleuchtet. Es sind kleine, in der Regel verdeckte Lichtquellen, die über einen Trafo sehr effektvoll die Krippenszenerie ausleuchten. Die Heilige Familie, das Zentrum der Krippe, sollte stärker ausgeleuchtet werden als beispielsweise das Hirtenfeld oder die Königsgruppe. Bei der Postierung der Lichtquellen muß auch das mögliche Auswechseln der ausgebrannten Birnchen bedacht werden.

Offenes Licht kann wegen der Brandgefahr nur begrenzt eingesetzt werden, beispielsweise bei groß dimensionierten Figuren, die nicht in einem Gebäude, sondern vor einer Nische oder einem Unterstand aufgestellt sind. Die Kerzen werden beidseitig der Figurengruppe in ausreichendem Abstand vom Gebäude und anderen brennbaren Gegenständen angeordnet. Die Kerzen sollten nie unbeaufsichtigt brennen.

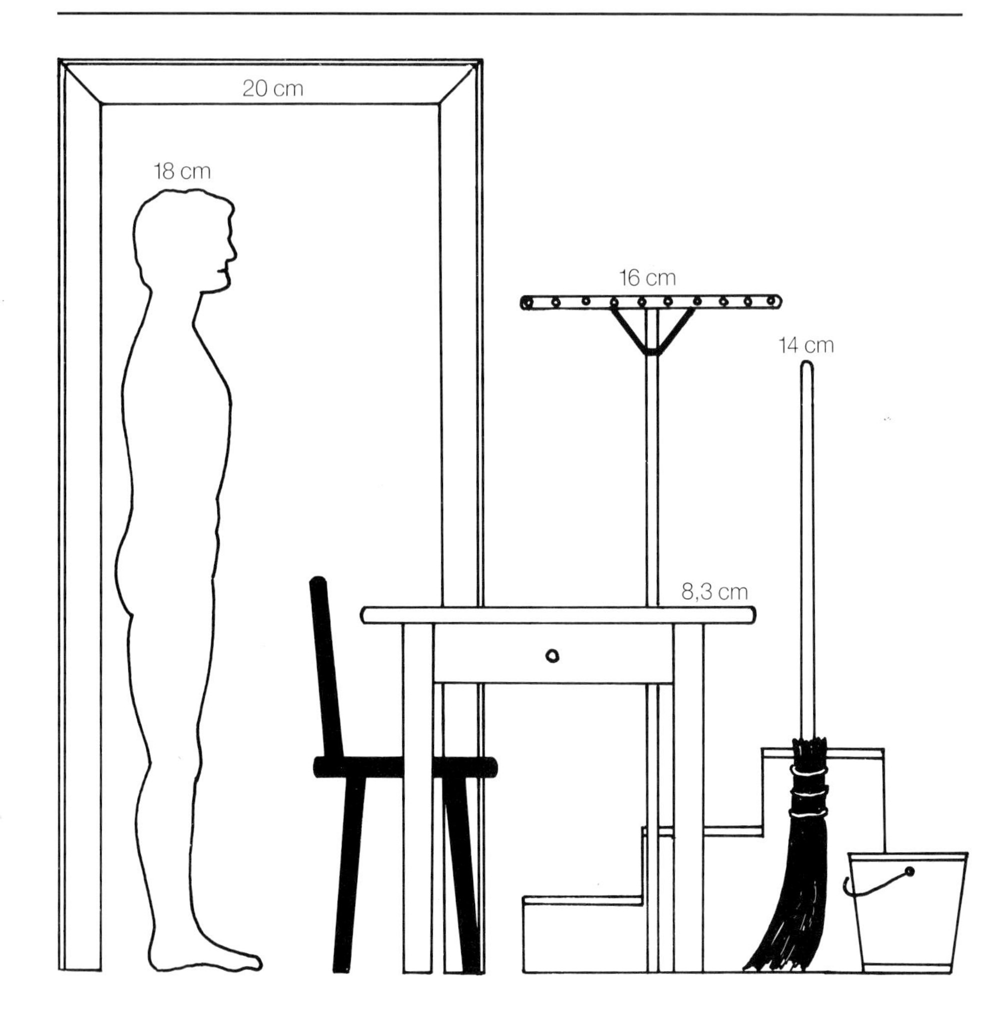

Größenverhältnisse

Damit ein harmonischer Gesamteindruck erreicht wird, nehmen wir eine stehende Figur als Maßstab für alle Bauteile des Krippenstalls und für die umgebende Landschaft.

Türhöhe: Über einer stehenden Figur sollte noch soviel Raum sein, daß ein weiterer Kopf Platz hätte.

Stuhlsitzhöhe: Die Sitzfläche befindet sich knapp unterhalb des Kniegelenks.

Tischhöhe: Die Tischfläche ist etwas unterhalb der Hüften (Schritthöhe).

Stufenhöhe: Stufen haben eine Höhe, die etwa ein Drittel des Unterschenkels samt Fuß beträgt.

Eimerhöhe: Die Eimerhöhe entspricht etwa zwei Drittel des Unterschenkels.

Rechen-, Sense-, Mistgabellänge: reichen ungefähr bis zum Hals.

Fensterhöhe: Die Höhe und die Bemaßung von Fenstern ist sehr unterschiedlich und hängt vom Gebäude ab.

Holzwände

Wände aus Holzbalken

Aus Vierkanthölzern werden die folgenden Massivholzwände aufgebaut. Alle drei Wandarten können jedoch auch mit Rundhölzern aus geschälten oder ungeschälten Zweigen ausgeführt werden. Die einfachste Möglichkeit besteht darin, gleich lange Balken Stück für Stück bündig an den senkrechten Holzpfeilern anzuleimen. Zwischen die einzelnen Balken streicht man ebenfalls etwas Leim.

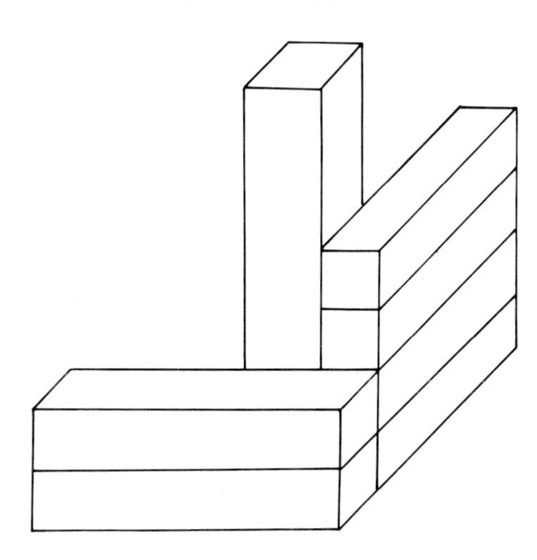

Auch mit unterschiedlich langen Balken, die an den Ecken überstehen, kann eine Balkenwand aufgebaut werden. Zu beachten ist bei dieser Bauweise, daß für jede Wand jeweils zwei verschiedene Balkenlängen notwendig sind. Ein kürzerer Balken wird auf die Bodenplatte geleimt. Rechtwinklig dazu legt man einen längeren, der am Ende etwa eine Balkendicke übersteht. Auf dem kurzen Balken liegt ein langer, an den von rechts wieder ein kurzer Balken stößt usw. Übereinandergeschichtet wechseln kurze und lange Balken ab, die miteinander verleimt werden.

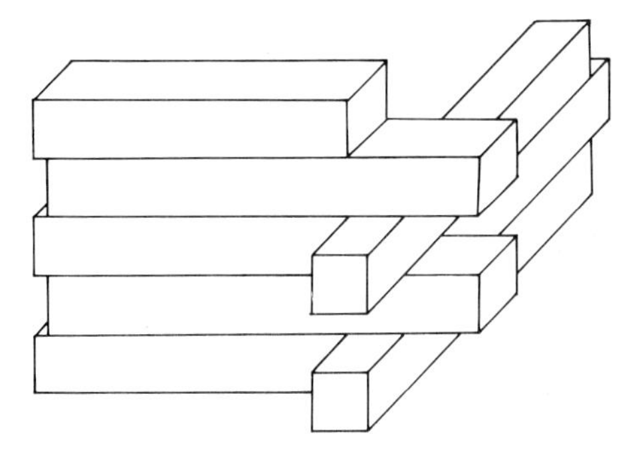

Bei der dritten Wand reicht das Zurechtsägen der Balken nicht aus. Längs- und Querbalken werden miteinander an den Ecken verzinkt; in geringem Abstand von den Balkenenden werden Vertiefungen, die einer halben Balkendicke entsprechen, herausgearbeitet. Auch diese Balken werden miteinander verleimt.

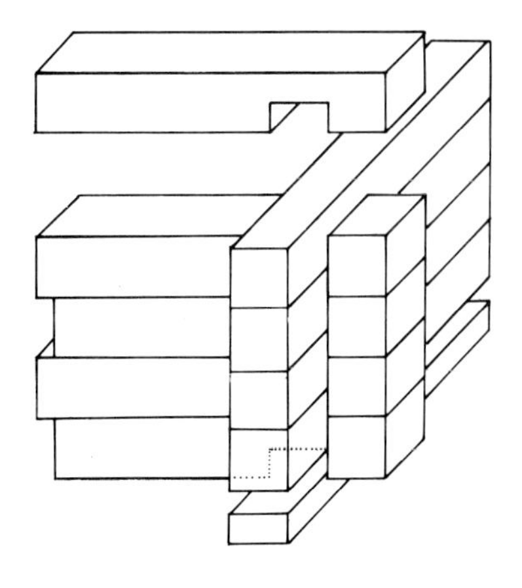

Bretterverschalungen

Bretterverschalungen sind sicherlich die gebräuchlichste Wandverkleidung. Die Bretter werden entweder auf eine feste Wand aus Preßspan oder Sperrholz aufgeleimt oder an einer Balkenkonstruktion befestigt. Man kann die Bretter waagerecht (1) oder senkrecht (4) anbringen oder jeweils das vorhergehende Brett teilweise überdecken (2). Oder man läßt zwischen den Brettern etwas Abstand und verdeckt die Lücken mit weiteren Brettern (3).

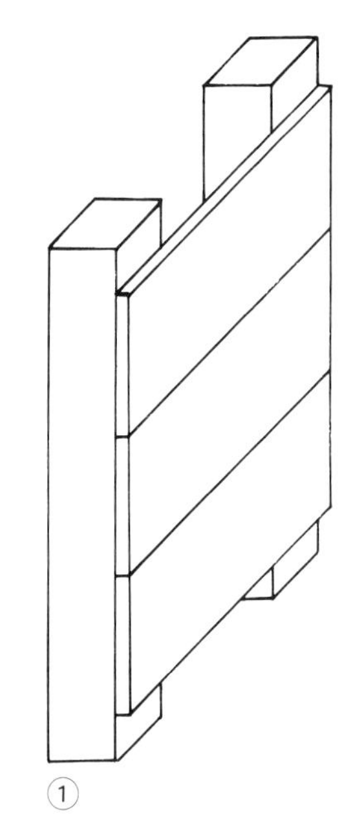

①

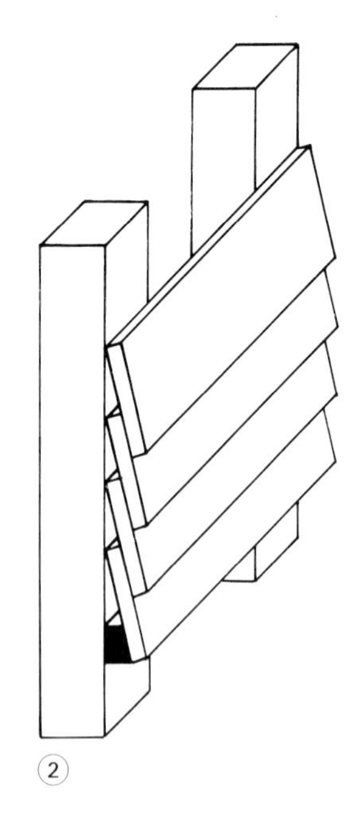

②

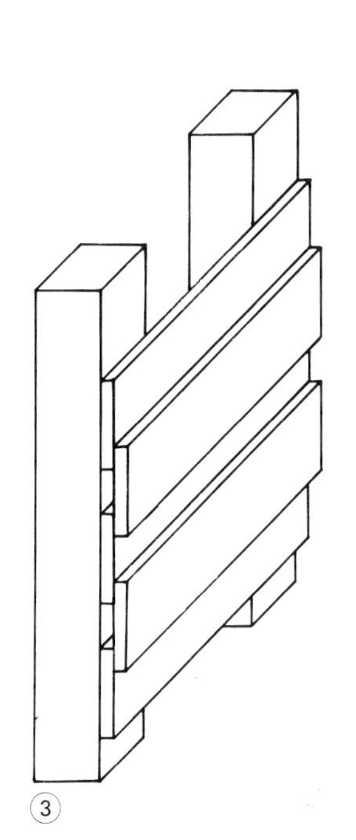

③

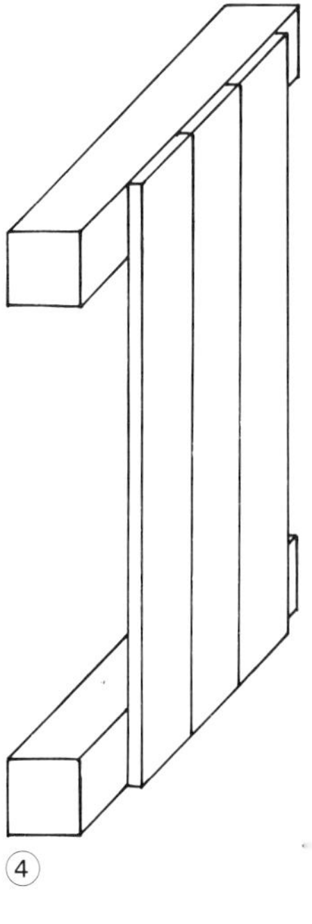

④

Herstellen von Holznägeln

Von einer schmalen Holzleiste werden Stäbchen abgesägt und jeweils die oberen Kanten entweder leicht abgefeilt oder abgeschnitten. Unterhalb des Nagelkopfes entfernt man auch die Kanten der Längsseiten. Die Nägel werden in vorgebohrte Löcher geschlagen.

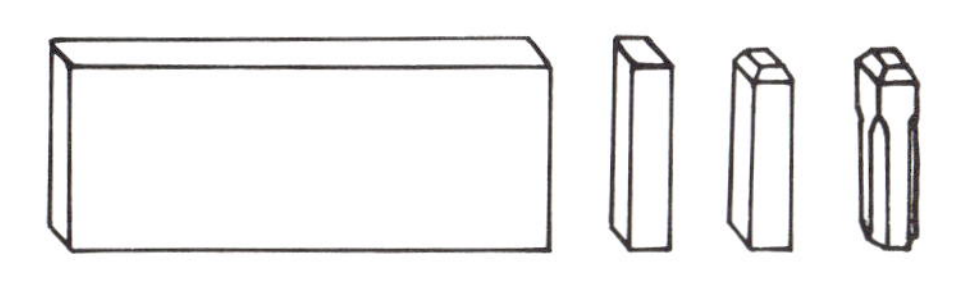

Holzbearbeitung

Die **Holzmaserung** tritt bei den sogenannten Weichhölzern (Fichte, Tanne, Kiefer etc.) stärker hervor, wenn man das Holz mit einer Stahlbürste kräftig in der Maserrichtung bearbeitet.

Für die **Holzbemalung** nur Holzlasuren oder Holzbeizen verwenden. Sie werden vom Holz aufgesaugt und färben es gleichzeitig; dadurch bleibt die Oberflächenstruktur erhalten. Farben und Lacke dagegen verschließen die Poren und decken die Holzoberfläche glatt und gleichmäßig ab, so daß der typische Holzcharakter verlorengeht.

Durch **Ansengen des Holzes** mit dem Gasbrenner entsteht ein eigentümlicher Effekt, denn es ist nicht möglich, auf der Holzoberfläche einen gleichmäßigen Braunton zu erzielen. Die Maserung wird durch die helleren und dunkleren Bereiche ebenfalls betont.

Wenn Holz ein **sehr altes Aussehen** bekommen soll, sengt man es an, bis es bräunlich-schwarz ist, und bürstet es dann mit der Stahlbürste entlang der Maserung.

Detail
Ernst Kemmler, Reutlingen-Betzingen

Balkenfachwerk

Der Fachwerkbau spielt bei Stallkrippen eine große Rolle. Das Fachwerk ruht in der Regel auf einem nicht sichtbaren Mauerfundament oder es beginnt über dem gemauerten Erdgeschoß. Auf oder zwischen den Bodenschwellen stehen Eck- und Bundsäulen, die durch waagerechte Riegel stabilisiert werden. Rahmenhölzer halten die Eck- und Bundsäulen zusammen. Die entstehenden Balkengefache werden beispielsweise durch Balkenkreuze ausgeschmückt, die dem Balkengerüst zusätzlichen Halt verleihen. Auf den waagerechten Rahmenhölzern liegen die Deckenbalken, und darauf wird auch der Dachstuhl aus senkrechten Pfosten, waagerechten Pfetten und den schrägen Sparren gebaut.

Die Balkengefache werden entweder ausgemauert, d.h. mit Preßspan-, Weichfaser- oder Sperrholzplattenstükken ausgefüllt und verputzt, so daß das Fachwerk deutlich sichtbar ist, oder es wird mit Brettern verschalt. Die Bretterverschalung wird vor oder hinter dem Fachwerk angebracht.

Fachwerkgerüst
Uwe Hinzmann, Starzeln

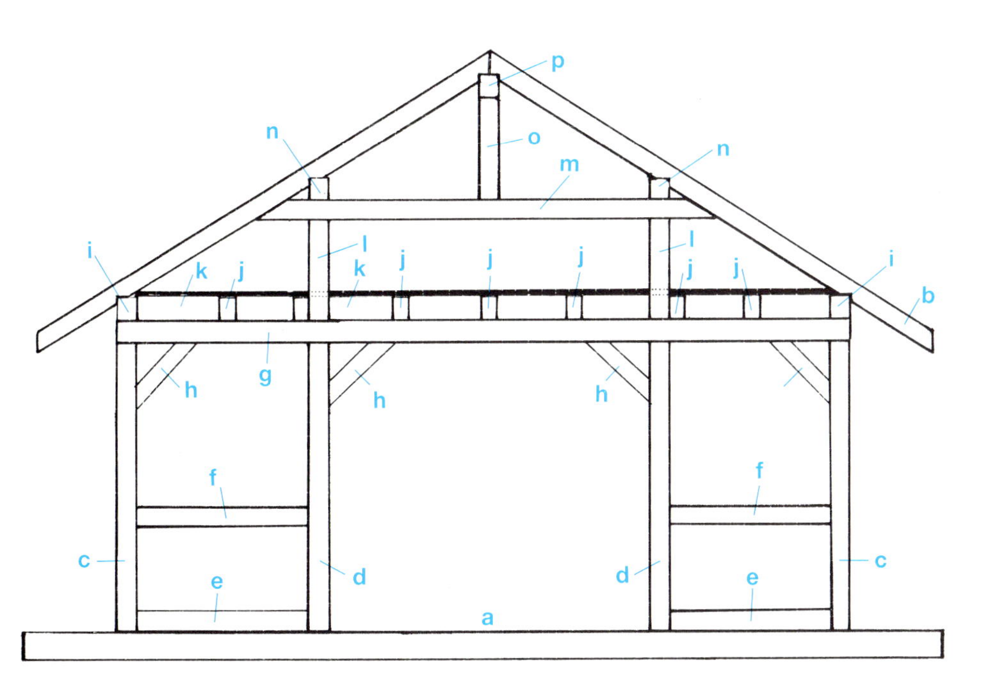

Fachwerkstall

Das Fachwerkgerüst besteht ausschließlich aus Vierkanthölzern derselben Stärke. Man beginnt auf der Bodenplatte (a) mit dem Befestigen der Eck- und Bundsäulen (c und d). Dazwischengeleimte Schwellen (e) und Riegel (f) stabilisieren die Säulen. Die beiden Rahmenhölzer (g) werden an den Längsseiten auf den Eck- und Bundsäulen befestigt. Sie bilden die Auflage für die Fußpfetten (i) und Deckenbalken (j). Als zusätzliche Stabilisatoren wirken die angeleimten Kopfbänder (h).

Bevor der Dachboden (k) gelegt werden kann, müssen die vier Pfosten (l) in Verlängerung zu den Bundsäulen aufgeleimt werden. Darauf liegen zwei Querbalken (m) mit abgeschrägten Enden. Quer dazu werden die beiden Mittelpfetten (n) angebracht. In der Mitte der Querbalken (m) wird jeweils ein senkrechter Pfosten (o) aufgeleimt. Die Firstpfette (p) verbindet beide Pfosten. Alle Pfetten (i, n, p) müssen so lang sein wie der gewünschte Dachvorsprung (b), denn auf ihnen ruhen die Dachsparren, die, damit sie nicht rutschen, zunächst eingekerbt und dann aufgeleimt werden. Auf die Sparren werden entweder zwei Sperrholzplatten geleimt, oder man leimt Dachlatten auf. Als Dachdeckung bieten sich Holzschindeln oder Kartonziegel an.

Mauern

Aus einer Vielzahl von Möglichkeiten, Mauerwerk für die Krippen zu gestalten, möchte ich Ihnen zwölf vorstellen: Grundsätzlich unterscheidet man zwischen aufbauendem Mauerwerk, das Stein für Stein errichtet wird, und Verblendmauerwerk, bei dem die Steine auf eine Mauer geklebt werden. Dazu kommen noch das eingeritzte, das geschnitzte und schließlich das gemalte Mauerwerk.

Das Mauerwerk dieser Ruinenkrippe besteht aus mit der Bandsäge zurechtgesägten und bemalten Ytong-Steinen.

Uwe Hinzmann, Starzeln

Aufbauendes Mauerwerk

Als „Stein“ für das **aufbauende Mauerwerk** eignet sich **Gasbeton** (Ytong). Er ist in jedem Baumarkt erhältlich. Mit einer Bandsäge oder einem Fuchsschwanz können die „Steine“ in der gewünschten Größe ausgesägt werden.

Fliesenkleber hält die versetzt aufeinandergeschichteten Steine dauerhaft zusammen. Bei dem fertigen Mauerwerk sollten die Fugen deutlich sichtbar sein. Dazu werden die Kanten der Steine etwas abgerundet, evtl. kann man die Steinoberfläche stellenweise leicht vertiefen. Abschließend wird das Mauerwerk etwas angefeuchtet und angestrichen.

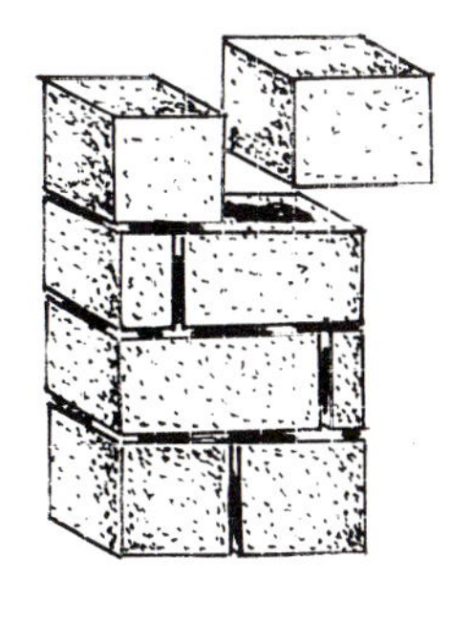

Aus **Preßspanplatten** läßt sich ein sehr rustikales Mauerwerk herstellen. Dabei entspricht die Plattendicke der Höhe der später daraus gefertigten „Steine", d.h. die Plattenoberfläche ist auch die Oberfläche bzw. Klebefläche der „Steine". Man sägt zunächst beispielsweise einen 3 cm breiten Streifen ab. Dieser Preßspanstreifen wird durch Bleistiftstriche unterteilt, die jeweils 1,5 cm auseinander liegen.

Das halbkreisförmige Gemäuer dieser Krippe wurde aus gesägten Preßspanplattenstücken gefertigt, wobei die äußersten „Steine" leicht angesägt und dann gebrochen wurden. Killertaler Krippenbauer

Entlang den Bleistiftstrichen sägt man den Preßspanstreifen an der Ober- und Unterseite leicht ein und bricht die 3 cm langen und 1,5 cm breiten „Steine", evtl. unter Zuhilfenahme einer Zange, ab. Die „Steine" werden so aufeinandergesetzt, daß sich die glatten Flächen an der Ober- und Unterseite befinden und die rauhen

Seiten mit den Bruchkanten nach vorne, hinten und zur Seite weisen. Die Steine werden versetzt aufeinandergeleimt.

Verblendungsmauerwerk

Für ein auf einer Holz-, Weichfaser- oder Preßspanplatte angebrachtes **Verblendungsmauerwerk** eignen sich aufgeklebte Kieselsteine, Schiefersplitter, Borkenstücke von dickrindigen Bäumen, ausgeschnittene Kork- und Kartonsteine und vieles mehr.

Kork- und Kartonsteine

Damit das Mauerwerk nicht eintönig ist, sollten nicht alle Steine dieselbe Größe haben. Es ist hilfreich, wenn vor dem Ankleben waagerechte Hilfslinien gezogen werden. Anschließend wird das Mauer-

Mauerwerk, verkleidet mit aufgeleimten Korksteinen, teilweise mit Krippenputz überarbeitet.
Krippenbauverein e.V. Ichenhausen

werk bemalt. Bei den Korksteinen ist es auch denkbar, nur die Fugen mit einem feinen Pinsel in einer etwas helleren oder dunkleren Mischfarbe auszumalen.

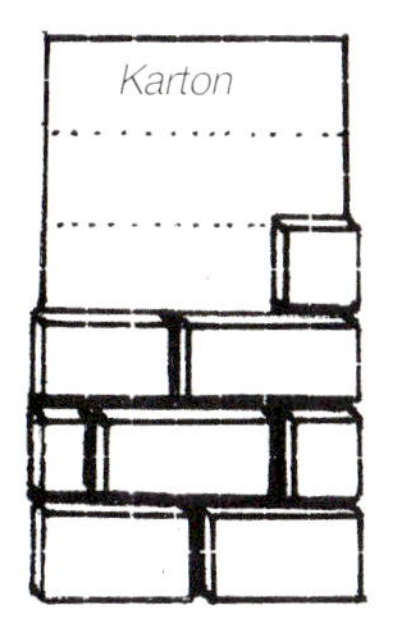

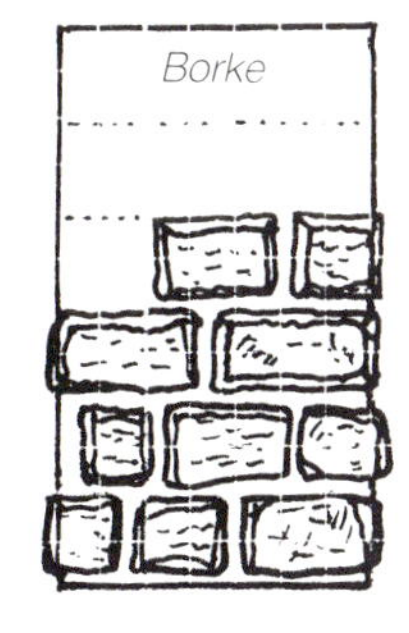

Steine aus Borke

Die dicke, rötliche Borke der Lärchen ist ein ideales Baumaterial. Von den gewölbten Borkenstücken entfernt man einen Teil der Oberfläche, so daß flache Platten entstehen. Aus diesen sägt man die Steine aus und bricht mit dem Messer die Kanten. Zunächst wird die Wand mit einem passenden Farbton angemalt. Die Borkensteine werden mit etwas Abstand angeordnet, so daß die Grundierung der Wand als Abgrenzung zwischen den Steinen erkennbar ist.

Mauerwerk aus verschiedenen Rindenstücken
Rudolf Schmid, Oberstetten

Schiefer-, Kiesel- und Schottersteine

Die zu gestaltende Fläche wird 0,3 bis 0,5 mm dick mit Fliesenkleber bestrichen. Die Steine drückt man einfach in die Klebemasse.

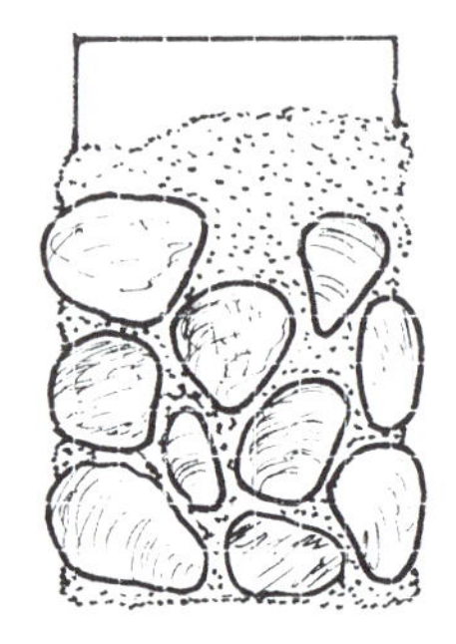

Steine aus verwittertem Holz

Aus verwittertem Nadelholz, wie man es an alten Holzschuppen und Zäunen findet, spaltet man die graue Schicht mit dem Messer oder dem Stecheisen ab und bricht die „Steine" ab. Die hellen Bruchkanten werden mit dem Pinsel grau eingefärbt. Die Holzsteine leimt man auf die vorher grau gestrichenen Wände aus Preßspan oder Holz.

Kalksteinmauerwerk
Siegfried Leibfarth, Dettingen

Steinvormauerung aus verwitterten Holzstücken.
Martin Bauer, Oberwaldbach

Steine aus Krippenputz

Sie werden aus Krippenputz (vgl. hierzu Seite 20) unter Zugabe von Sägemehl und Schleifstaub geformt und dicht aneinander auf die Wand geleimt. Durch eine spätere Bemalung heben sich die Steine gut von den hell belassenen Fugen ab.

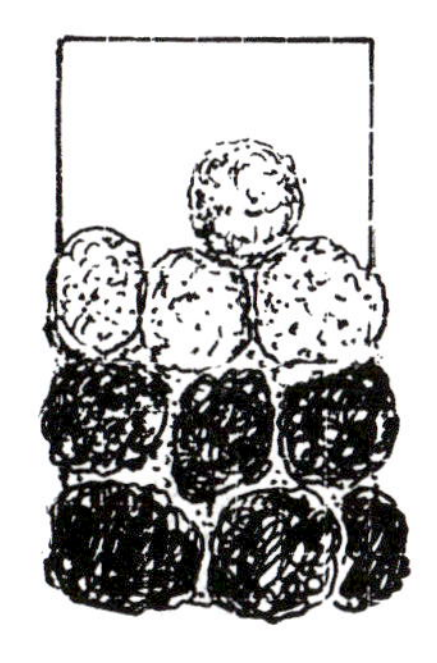

Geritztes Mauerwerk in Styropor

Massivwände aus Styropor verwendet man vorwiegend für Ruinen, orientalische Gebäude und für freistehende Wände. Die Styroporplatten sollten eine Stärke von mindestens 2 cm haben, damit das Licht nicht durchschimmert. Styropor wird mit einem scharfen Messer mit ungesägter Klinge geschnitten. Mauern von Ruinen schneidet man nicht. Der Markierung des ungefähren Mauerverlaufs folgend wird die Mauer aus der Styroporplatte herausgebrochen.
Türen und Fenster mit beweglichen Bändern bzw. Scharnieren sowie aus Balken aufgebaute Dachstühle können in Styropor nicht ausreichend verankert werden. In diesem Fall fixiert man 1 cm starke Styroporplatten mit Weißleim auf Gebäudewänden aus Sperrholz- oder Preßspanplatten. In die Styroporplatten werden mit einem Lötapparat die Mauerfugen eingeritzt bzw. eingebrannt. Das so entstehende Mauerwerk verputzt man dünn, so daß die Fugen noch erkennbar sind, und bemalt es beispielsweise mit Dispersions- oder Bastelfarben.

In Styropor eingeritztes Mauerwerk.
Josef Schick, Ichenhausen

In feuchten Putz geritztes Mauerwerk

In den leicht angetrockneten Putz auf der Gebäudewand ritzt man mit einem Holzstäbchen das Mauerwerk. Das Holzstäbchen ist vorne abgerundet, damit rinnenförmige Mauerfugen entstehen. Ist der Putz angetrocknet, werden die Fugen dunkler als die Steine bemalt. Zusätzlich kann das Mauerwerk noch mit Sprühkleber besprüht und feiner Sand aufgestreut werden.

Geschnitztes Mauerwerk aus Holz

Auf die zurechtgesägten Bretter werden mit Bleistift und Lineal die Steine aufgezeichnet. Ein Geißfuß (Stecheisen mit V-förmiger Klinge) kerbt das Holz entlang den Bleistiftlinien 1 bis 2 mm tief ein, bevor die entstandenen Kerben mit einem schmalen Hohleisen (U-förmige Klinge) verbreitert und abgerundet werden. Mit dem Hohleisen werden auch die bisher geraden Steinränder gebrochen und die glatten Steinoberflächen strukturiert. Die genannten Werkzeuge kennen Sie sicher vom Holz- und Linolschnitt her.

In Putz geritztes Mauerwerk, bemalt und mit dunklem Sand bestreut.

Geschnitztes Mauerwerk

In Putz geritztes Mauerwerk

Aufgemaltes Mauerwerk

Auch bei dieser Technik werden die Steine zunächst mit Bleistift vorgezeichnet. Beim Ausmalen der Steine können die Linien teilweise übermalt werden, jedoch sollte ihr Verlauf noch nachvollziehbar sein. Um eine rauhe, strukturierte Oberfläche vorzutäuschen, verwendet man am besten zwei oder drei Grautöne, die sich nur in feinsten Nuancen unterscheiden. Abschließend werden mit einem Pinsel die Fugen aufgemalt. Dabei vermeidet man ein exaktes Nachziehen der Bleistiftlinien, stattdessen versucht man, mit einer helleren oder dunkleren Farbe die Steinecken abzurunden und den Fugenverlauf leicht unregelmäßig zu gestalten.

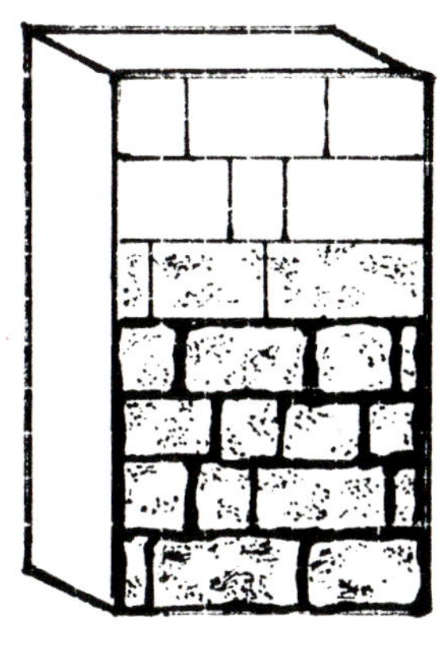

Aufgemaltes Mauerwerk

Aus Lindenholz geschnitzte Mauern und Figuren. Ludwig Vogele, Ichenhausen

Der Krippenputz

Der Putz wird sowohl für die Gestaltung der Gebäudewände als auch für die Überarbeitung des Geländerohbaus benötigt. Im Grunde eignet sich jeder **Fertigputz** für unseren Zweck. **Spachtelmassen** (Molto fill), die der Maler zum Schließen von Putzrissen benötigt, bieten sich ebenfalls an. Sie können Krippenputz aber auch selbst herstellen.

Selbst hergestellter Krippenputz

Zunächst benötigen Sie **Kaltleim,** den Sie mit kaltem **Wasser** verdünnen, bis eine an sahnige Milch erinnernde Flüssigkeit entsteht. 3/8 l des verdünnten Kaltleims werden in ein altes **Rührgefäß** gegeben, in dem sich bereits 500 bis 600 g **Grundkreide (Schlemmkreide)** befinden. Beides wird gut durchgemischt.

Rühren Sie nach und nach **Sägemehl** ein, bis eine gut verstreichbare Masse entsteht. Bevor der Putz aufgetragen werden kann, müssen die betreffenden Flächen gesäubert und mit stark verdünntem Leimwasser eingestrichen werden. Der Putz wird dünn mit einer Spachtel aufgetragen. Verputzt werden können, neben Sperrholz-, Weichfaser- und Preßspanplatten, auch Styropor und Holz. Bei verputzten Holzwänden treten durch das Schwinden des Holzes häufig Putzrisse auf, Bis der Putz durchgetrocknet ist, vergehen bei Zimmertemperatur zwei bis drei Tage. Ursachen für Risse im Putz können eine zu hohe Leimkonzentration oder der zu dicke Auftrag auf der Gebäudewand sein.

Das Färben bzw. das Anstreichen des Putzes

Nach dem Trocknen erfolgt zunächst eine Grundierung mit **weißer Dispersionsfarbe.** Zusätzlich streichen wir noch eine weitere Platte, die ebenfalls verputzt ist, weiß an. Auf ihr werden die verschiedenen Putzfarben erprobt. Wir stellen mehrere Gefäße mit Leimwasser bereit. Auf einer Glas- oder Plastikplatte haben wir mehrere Häufchen aus Pulverfarben vorbereitet (Schwarz, Ocker, Umbra, gebrannte Siena aus dem Malergeschäft). Ein Teil des Farbpulvers wird ins Leimwasser eingerührt. Auf der Probeplatte verstreichen wir beispielsweise schwarz gefärbtes Leimwasser und nehmen es sofort mit einem nassen Schwamm wieder ab. Diese Stelle ist jetzt hellgrau, und in den Vertiefungen sind dunkle Farbreste zurückgeblieben. Die in Leimwasser gelösten Farben können stellenweise mehrschichtig oder auch mit dem Pinsel als Pulver direkt an einer mit Leimwasser angefeuchteten Stelle aufgetragen werden. Ein Schwamm und ein Wassereimer sollten für Korrekturen bereitstehen. Selbst wenn die Farbe sofort wieder abgewischt wird, bleiben leichte Farbschleier auf der zuvor weißen Grundierung zurück.

Dächer

Kaum Schwierigkeiten werden beim Bau von Pult- und Satteldächern auftreten. Als Dachfläche kann man Sperrholzplatten verwenden, die mit Rinde, Schindeln, Stroh u. ä. bedeckt werden. Doch viel interessanter und reizvoller ist ein Dach, das wir aus Sparren und Dachlatten aufbauen. Auch beim Dachstuhl haben wir die Wahl zwischen ausgesägten Giebelwänden, die verputzt bzw. mit Brettern verschalt werden, und einer Holzbalkenkonstruktion, die mit Brettern verkleidet und deren Zwischenräume mit Spanplatten ausgefüllt und anschließend verputzt werden. Krippen mit Halb- und Vollwalmdächern werden seltener gebaut, was sicherlich auch darauf zurückzuführen ist, daß die Konstruktion des Dachstuhles ungleich komplizierter ist als bei Pult- und Satteldächern.

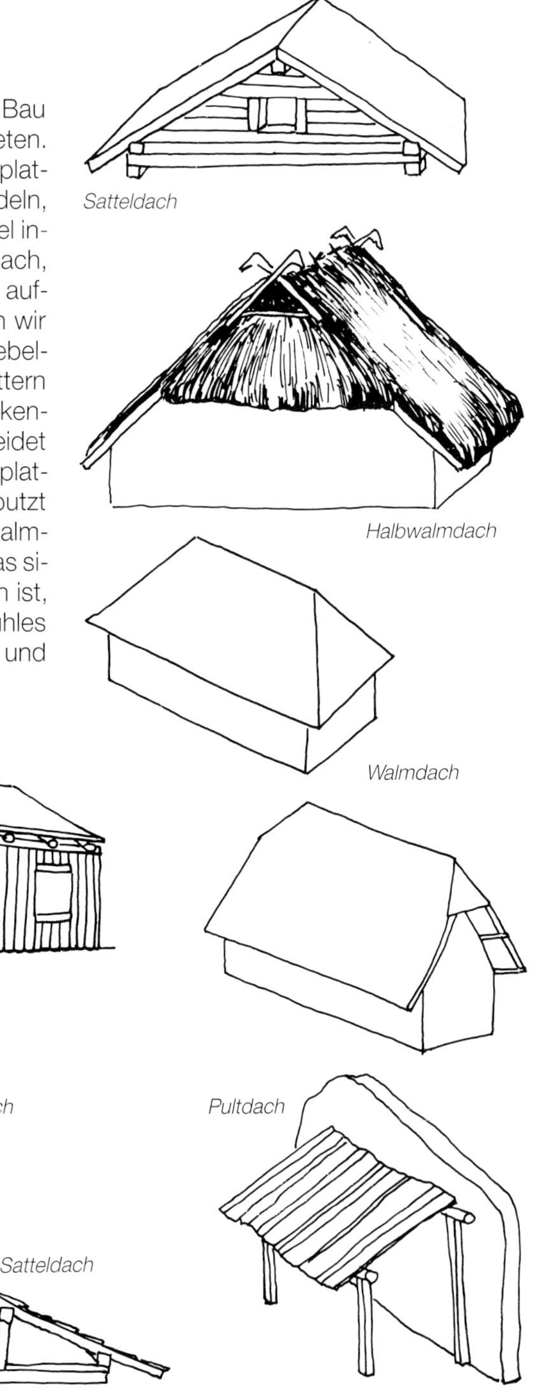

Satteldach

Halbwalmdach

Walmdach

Pultdach

Satteldach

Pultdach

Satteldach

Die Dachdeckung

Für die Dachdeckung können neben den Naturmaterialien Holz, Rinde und Stroh z. B. auch Dachpappe und Karton verwendet werden.

Schuppen von Tannen- und Fichtenzapfen, die versetzt auf die Dachfläche geklebt werden, erinnern an Dachziegel. Und manche Krippendächer sind sogar ausschließlich mit Moos oder Flechten beklebt.

Holz als Dachdeckung

Am einfachsten ist wohl eine Verschalung der Dachfläche mit einer Längs- und Querlattung, wobei die gleich langen Leisten nebeneinander auf die Sparren genagelt oder auf die Spanplatten geleimt werden. Etwas interessanter wird die Dachfläche, wenn anstelle der exakt ausgesägten Holzplättchen Brettchen von Obstkisten genommen und diese an den Enden abgebrochen werden. Sie werden mit Holzbeize gestrichen oder mit dem Gasbrenner angeflammt. Die Brettchen können auch vorher mit der Stahlbürste bearbeitet werden, damit die Maserung deutlicher wird. Die Lücken, die beim Anordnen auf den Dachsparren entstehen, lassen sich durch aufgeklebte Flechten oder durch Moos schließen.

Für die nächste Dachdeckung benötigt man wieder regelmäßige, gleich große Brettchen. Begonnen wird am unteren Dachrand. Dabei sollte das erste quer angebrachte Brettchen etwas über die Dachkonstruktion vorstehen. Die nächsten Brettchen überdecken die vorhergehenden am oberen Rand, so daß die Nagelstellen unsichtbar sind. Natürlich kann stattdessen auch geleimt werden. Den Abschluß bildet ein aus zwei Brettchen zusammengeleimter Winkel.

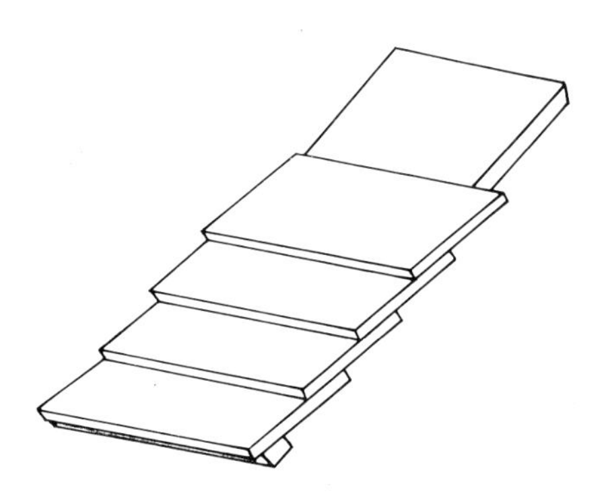

Für Krippen im Blockhausstil bieten sich die beiden folgenden Dachkonstruktionen an:
Auf Rundholzsparren werden der Länge nach halbierte Rundhölzer genagelt. Sehr gut eignen sich dafür Haselnußruten. Auch Weidenruten kann man verwenden, jedoch sollte man sie besser schälen, weil sich die Rinde leicht löst, und dann dunkelbraun beizen.

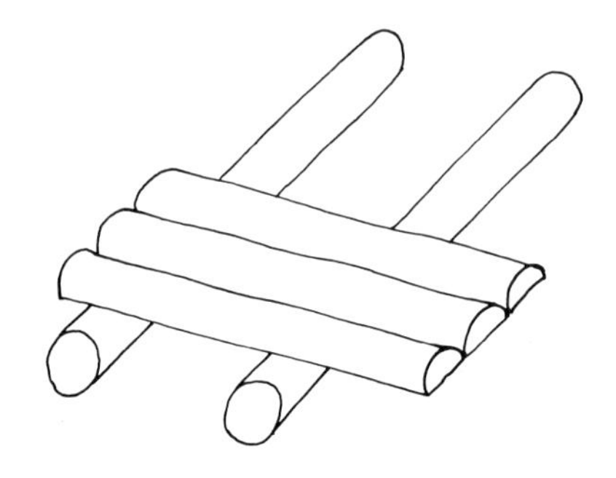

Alternativ dazu können auf die Rundholzpfetten gleich lange Rundhölzer aufgenagelt werden. Als First bietet sich dann ein querliegendes Rundholz an.
Die Zeichnung zeigt eine dritte Möglichkeit: Für beide Dachflächen benötigt man kurze und lange Rundhölzer. Die kurzen reichen genau bis zum First, die längeren stehen etwas über. Lange und kurze Rundhölzer werden im Wechsel auf einer Dachseite festgenagelt. Von der Gegenseite werden in die entstehenden Lücken am First die langen Hölzer und dazwischen die kurzen Rundhölzer gelegt und befestigt.

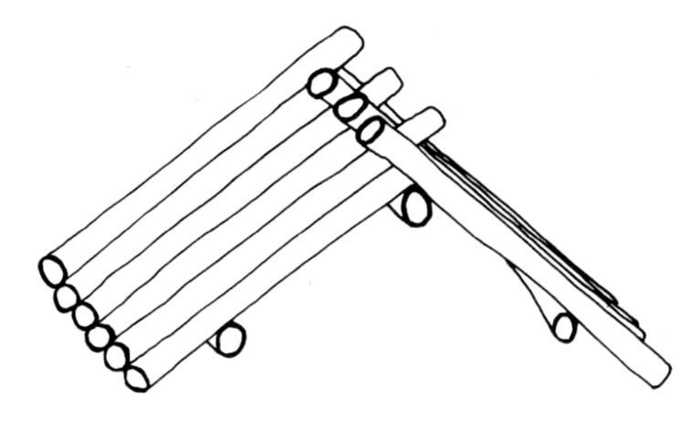

Sehr rustikal wirken „Schindeldächer" aus zerbrochenen Obstkistenbrettchen, die gebeizt und versetzt auf die Spanplatte aufgenagelt werden. Begonnen wird wie bei fast allen Dachdeckungen am unteren Dachrand. Lücken, an denen die Spanplatte durchschimmert, lassen sich durch aufgeklebtes Moos schließen.

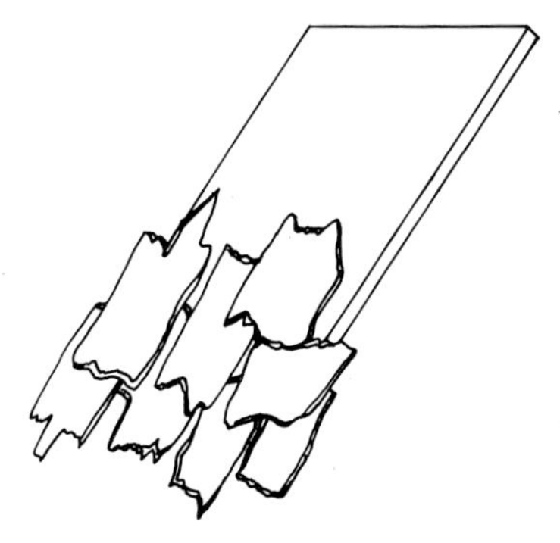

Schindelgedeckter Krippenstall

Auf einer Grundkonstruktion von vier Eckpfeilern aus Kanthölzern sind zwei Längs- und darauf zwei Querbalken befestigt. Zwei Pfosten, die senkrecht auf die Querbalken geleimt sind, tragen die Firstpfette. Auf diesem einfachen Dachstuhl liegen zwei Sperrholzplatten, die von unten nach oben mit Schindeln verkleidet werden. Die verwendeten Schindeln sind Bruchstücke von **Obstkisten;** sie werden in versetzter Anordnung aufgeleimt oder aufgenagelt.

Killertaler Krippenbauer

Das Pultdach des Anbaues wird von zwei Eckpfosten und einem am Stall angebrachten Querbalken getragen. Die aufgelegte Sperrholzplatte wird ebenfalls mit Schindeln gedeckt. Abgesehen von der offenen Vorderfront werden alle Seiten mit Obstkistenbrettchen verschalt.

Schindeln aus Fichtenholz

Für das folgende Schindeldach werden gleich lange, aber möglichst unterschiedlich breite Schindeln benötigt. Sie werden bandartig an der unteren Dachkante angeordnet und aufgeleimt. Alle folgenden Schindelstreifen überdecken jeweils den vorhergehenden am oberen Rand. Die oberste Schindelreihe der Wetterseite steht etwas über, damit Regen, Wind und Schnee nicht eindringen.

Auch Dachziegel lassen sich aus Holz herstellen. Man benötigt dazu 1,5 bis 2 mm starkes Furnier, das mit Stahllineal und scharfem Messer in schmale Streifen geschnitten wird. Auf den Streifen

Dachziegel aus Karton
Winfried Sautter, Oxenbronn

wird die Plattenlänge mit Bleistift markiert. Mit einem Hohleisen (Stecheisen mit U-förmiger Klinge) werden die Ziegel ausgestochen – evtl. muß ein Hammer zu Hilfe genommen werden. Wenn das Furnier leicht splittert, kann auf der Rückseite eine Klebefolie oder ein Klebeband angebracht werden.

Schindeln schneiden

Schindelgedecktes Dach

Dachziegel aus Karton

Auch rote Dachziegel sind möglich. Man verwendet dazu Karton derselben Stärke und sticht oder schneidet die Ziegel aus. Für den seitlichen Dachrand werden halbe Ziegel benötigt. Waagerechte Bleistiftlinien auf der Spanplatte, auf die die Ziegel geklebt werden, sind beim Anordnen eine große Hilfe. Die Kartonziegel werden erst auf dem Dach rot angestrichen.

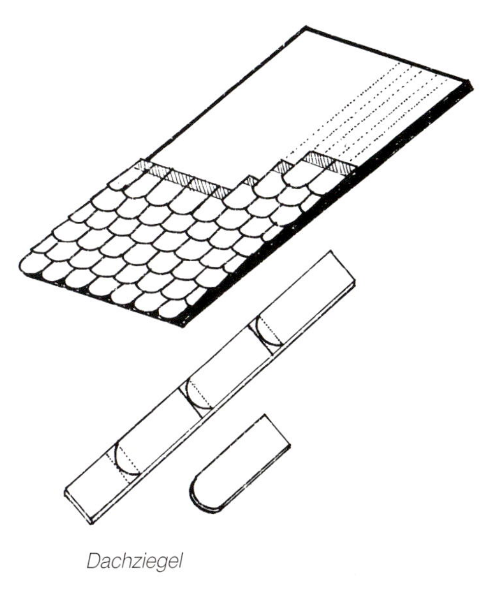

Dachziegel

Stroh als Dachdeckung

Stroh ist wie Rinde ein natürliches Bastelmaterial. Es ist sehr spröde und bricht leicht. Zum Kleben sollte das Stroh trokken sein, dagegen sollte es vor dem Binden unbedingt in warmem Wasser eingeweicht werden. Einfach herzustellen und jederzeit abnehmbar ist die **Strohmatte.** Die gleich langen nebeneinanderliegenden Strohhalme werden mindestens an zwei Stellen mit durchgeflochtenem Zwirn zu einer aufrollbaren Matte verbunden.

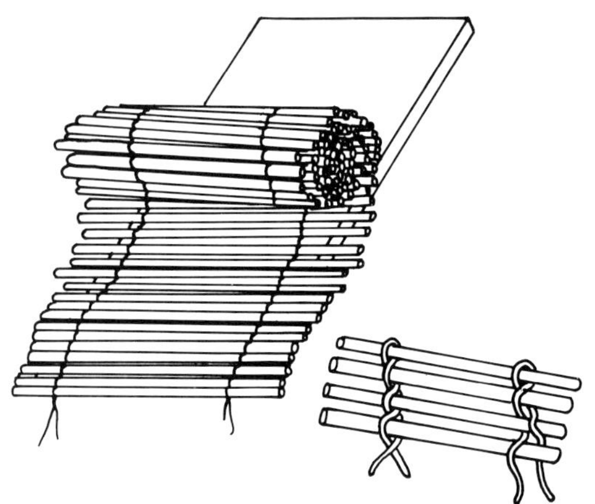

Nebeneinander aufgeklebte Strohhalme sind eine weitere Möglichkeit der Dachdeckung. Schließlich kann man sie auch einfach auflegen und mit quer aufgenagelten Leisten fixieren.

Der Eindruck, daß es sich hier um ein Massivstrohdach handelt, trügt: wieder wird nur eine Spanplatte beklebt.

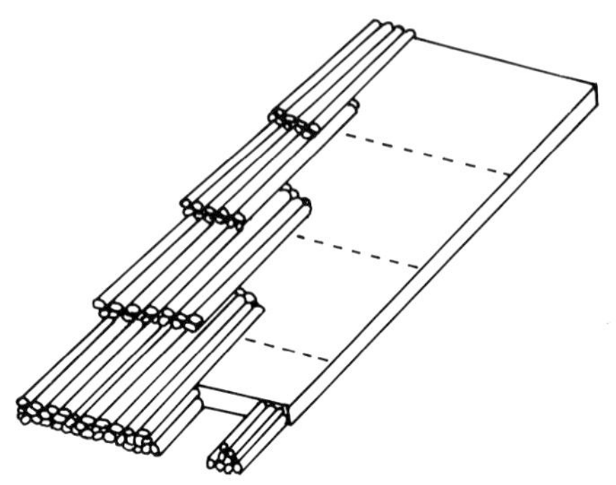

Beginnend am unteren Dachrand, werden kurze, gleich lange Halme bandartig über die ganze Dachbreite angeordnet, wobei sie nach unten noch etwas über die Spanplatte überstehen sollten. Um ein Massivstrohdach vorzutäuschen, klebt man unter die erste Strohhalmschicht und vor die Spanplatte kurze Strohstückchen. Nach oben hin setzt sich das Strohdach durch streifenartig aufgeklebte gleich lange Strohhalme fort, die jeweils den vorhergehenden Streifen etwa 1 cm überdecken.

Beim vierten Vorschlag handelt es sich um Strohhalmbündel, die mit Draht auf einer Balkenkonstruktion befestigt werden. Man beginnt mit dem Dachdecken auf einer Seite des Daches. Abwechselnd liegen kurze und lange Strohhalmbündel auf der Dachfläche.

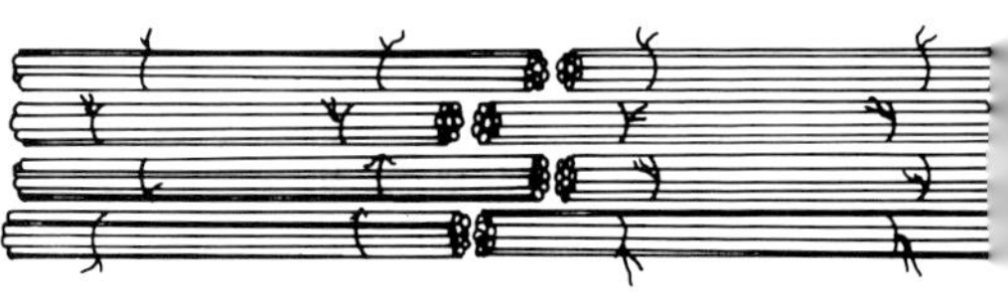

Die kurzen Bündel reichen bis zum First, die langen stehen etwas über. Auf der anderen Dachseite verfährt man ebenso. Die langen Bündel passen genau in die Bündellücken auf dem Dachfirst, während die kurzen an die langen Strohhalmbündel der Gegenseite stoßen.

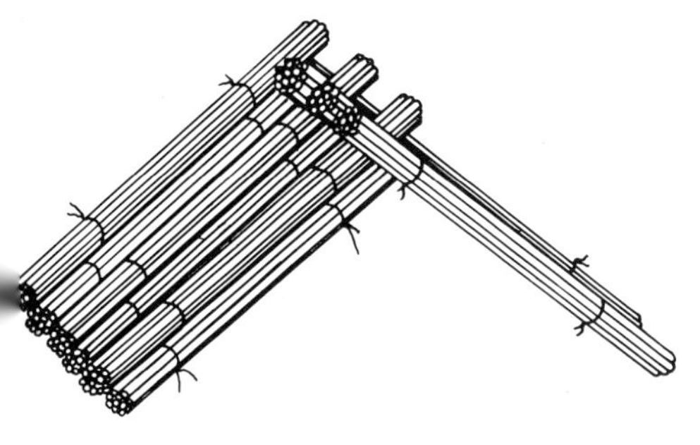

Rinde als Dachdeckung

Über Rinde und Borke, welche Rinden sich eignen, und wie man sie vom Stamm löst

Als **Borke** bezeichnet man nur den äußeren abgestorbenen Rand der **Rinde.** Unter der Borke liegt eine **Bastschicht,** welche die Borkenstücke zusammenhält, und eine **Versorgungsschicht,** durch die der Wasser- und Nährstofftransport des Baumes erfolgt. Wenn ein Baum voll im Saft steht – im Frühling und Frühsommer – läßt sich die ganze Rinde bei bestimmten Bäumen gut vom Holzteil ablösen.
Bei Laubbäumen sollte die Rinde zwischen 0,5 cm und 1 cm dick sein. Glatte und dünnrindige Bäume wie die Rotbuche sind für unseren Zweck nicht geeignet, denn deren Rinde läßt sich kaum lösen. Außerdem ist eine rauhe, kräftig durchstrukturierte Borke robuster und wirkt rustikaler.

Wenn in Ihrer Nachbarschaft Brennholz gesägt wird, sollten Sie die Gelegenheit nutzen und um einige Rindenstücke bitten. Bei solchen Brennholzstapeln können Sie meistens zwischen mehreren Holzarten hinsichtlich Farbe, Rindenstruktur und -dicke auswählen. Manchmal löst sich die Rinde schon beim Sägen. Meistens muß sie jedoch mit dem Schnitzmesser und Stecheisen von den Holzblöcken entfernt werden.

Gehen Sie dabei folgendermaßen vor: Mit dem Schnitzmesser oder dem Stecheisen ziehen Sie von oben nach unten einen tiefen Schnitt durch die Rinde bis auf die Holzschicht. Die Rinde wird zunächst mit dem Stecheisen entlang dem Schnitt gelockert, leicht abgestemmt und mit der linken Hand etwas weggedrückt, während gleichzeitig das Eisen immer tiefer unter die Rinde geschoben wird. Dies gelingt nicht immer. Manchmal läßt sich die Rinde nicht lösen, oder nur Teile davon. Lassen Sie sich dadurch nicht entmutigen. Versuchen Sie es nochmals bei einigen anderen Blöcken.

Sollten Sie wieder kein Glück haben, und es soll unbedingt ein Rindendach sein, können Sie Rindenstreifen von Fichten und Tannen verwenden. Bei Waldspaziergängen kann man an sogenannten Holzplätzen diese Rindenstücke finden, die Waldarbeiter von den Stämmen geschält haben, damit sie nicht vom Borkenkäfer befallen werden, der seine Freßgänge unter der Rinde anlegt. Schmale Rindenstreifen von Fichten und Tannen können im Gegensatz zur Laubbaumrinde auch in getrocknetem Zustand verarbeitet werden. Laubbaumrinde sollte jedoch unbedingt frisch auf die Dachkonstruktion aufgenagelt werden, denn dann ist sie noch biegsam.

Borke ist sowieso totes Material und kann vor allem von dickrindigen Bäumen wie Lärchen als Dachbedeckung für Weihnachtskrippen in Form eines Borkenpuzzles aufgeklebt oder -genagelt werden. Die Richtung der Borkenstruktur sollte bei der Anordnung berücksichtigt werden. Aufgeklebte Moose oder Flechten verdecken Lücken zwischen den Borkenstücken oder ergänzen fehlende Borkenteile.

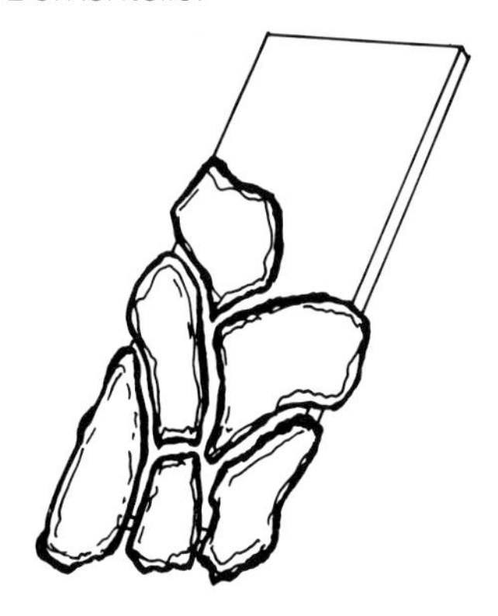

Rindenstreifen, beispielsweise von Fichten oder Tannen, können waagerecht auf der Dachfläche angeordnet werden. Zunächst werden alle Streifen auf Dachbreite zurechtgeschnitten. Den untersten Rindenstreifen nagelt man bündig mit der Dachkante auf die darunterliegende Spanplatte. Alle folgenden Streifen überlappen jeweils den darunterliegenden Rindenstreifen einige Zentimeter und verdecken dadurch die Nagelstellen. Wo die obersten Rindenstreifen aufeinandertreffen, werden die Ritzen mit aufgeklebten Borkenstücken geschlossen.

Als Variation können die Rindenstreifen auch nebeneinander angenagelt werden. Dazu müssen Sie jedoch die Ränder an den Längs- und Breitseiten begradigen oder die entstehenden Lücken mit aufgeklebtem Moos füllen.

Weitere mit dem Schnitzmesser oder einer Schere passend zurechtgeschnittene, rundum aufgenagelte und geklebte oder -geleimte Rindenstreifen verdecken die Ränder der Spanplatte oder des Brettes der Dachunterkonstruktion.

Größere **Rindenplatten,** wie sie vor allem von Laubbäumen gewonnen werden können, werden mit querverlaufender Borkenmaserung nebeneinander auf die Unterkonstruktion angeordnet. Die erste Rindenplatte auf die Spanplatte drücken und mit dem Schnitzmesser entlang der Dachkante von unten die Umrisse in die Rinde ritzen. Nun kann dieses Rindenstück mit einer Rebschere, dem Schnitzmesser, evtl. auch mit einer Haushaltsschere, paßgenau zurechtgeschnitten und aufgenagelt werden. Mit den übrigen Rindenplatten verfahren Sie genauso. Wenn Sie Glück haben, sind die abgelösten Rindenstücke sogar so

groß, daß eine Dachfläche mit einer Platte bedeckt werden kann. Ist die Rinde durchgetrocknet, zieht sie sich stellenweise stärker zusammen, so daß Risse auftreten können. Diese Risse lassen sich durch aufgeklebte Rindenstücke oder etwas Moos schließen.

Dachbedeckung aus auf Preßspanplatten aufgenagelten frischen Eschenrindenplatten. Die Ränder der Preßspanplatte sind mit schmalen Rindenstreifen kaschiert.
Walter Schill, Upfingen

Die Rindenstreifenkrippe nimmt eine Sonderstellung unter den Rindenkrippen ein, denn außer den Rindenstreifen, einem kleinen Bohrer, etwas Draht, einigen Nägeln und einer Bodenplatte brauchen Sie kein Arbeitsmaterial. Auch keine Unterkonstruktion ist nötig. Die Streifen aus Fichten- oder Tannenrinde sollten bereits etwas ausgetrocknet sein, denn dadurch erhalten sie die erforderliche Festigkeit. Die Rindenstreifen werden jeweils an einem Ende ein- oder zweimal angebohrt. Durch die Bohrung wird der dünne, möglichst dunkle Draht gezogen und dadurch die Krippe am First zusammengefaßt. Nach dem Auseinanderspreizen werden die unteren Rindenenden auf die Bodenplatte genagelt.

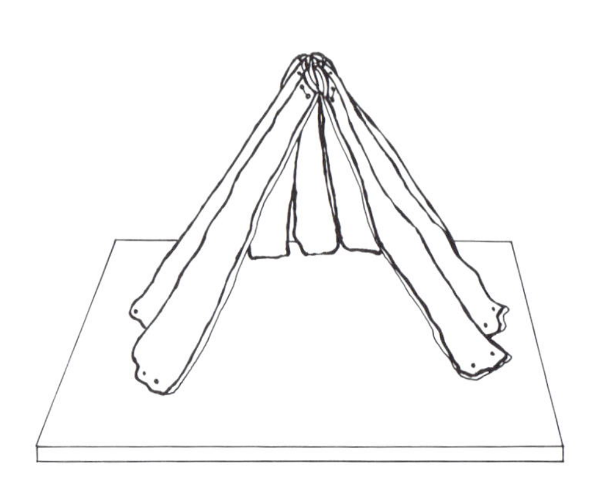

Rindenkrippe

Noch einfacher herzustellen als die zuvor beschriebene Rindenstreifenkrippe ist dieses stilisierte Gebäude aus drei aneinandergelehnten Eschenrindenplatten.
Bei dieser modernen Komposition wurde für die glasierten Tonfiguren ein heller konstrastiver Untergrund aus Sägemehl und diese einfache Gebäudeform gewählt.

Treppen

Treppen beleben Hausfassaden und bergige Landschaften. Zu verputzten oder gemauerten Wänden passen Steintreppen, die sich leicht aus unterschiedlich langen Brett- oder Faserplattenstükken herstellen lassen. Die nach oben hin immer kürzeren Brettstücke werden aufeinandergeleimt. Dabei muß die Stufenhöhe auf die Krippenfiguren und das Gebäude abgestimmt werden. Mit einer Feile brechen wir die Stufenkanten. Anschließend wird die Treppe am Gebäude befestigt und verputzt oder mit Steinen aus Lärchenholz o. ä. beklebt.

An Holz- und Fachwerkhäusern findet man oft Holztreppen, die aus zwei kräftigen Seitenbrettern und mehreren breiten Trittbrettern bestehen. Die Trittbretter sind so übereinander angeordnet, daß sie etwa jeweils ein Drittel des darunterliegenden Brettes verdecken.

Für Steintreppen im Gelände verwenden wir unterschiedlich große Brett- bzw. Plattenstücke, die wir dem Verlauf der Landschaft anpassen. Aus Pflöcken und Brettern, mit denen die Stufen nach vorne abgegrenzt werden, lassen sich einfache Treppen herstellen, wie wir sie oft im Gebirge antreffen. Die Stufen werden mit Erde, Krippenputz oder Sand aufgefüllt.

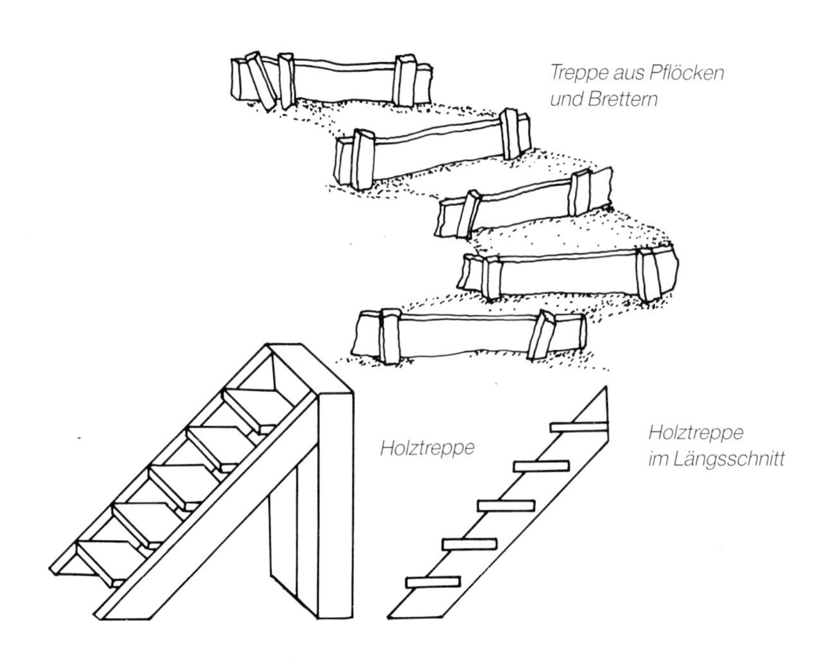

Treppe aus Pflöcken und Brettern

Holztreppe

Holztreppe im Längsschnitt

Mit Krippenputz überarbeitete Treppe aus Faserplattenstücken. Barbara Vogele, Ichenhausen

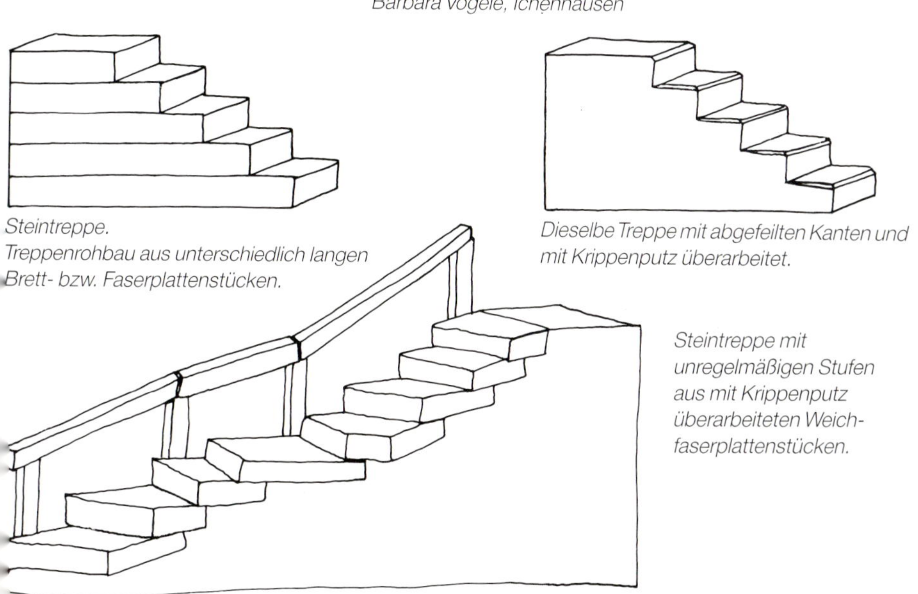

Steintreppe. Treppenrohbau aus unterschiedlich langen Brett- bzw. Faserplattenstücken.

Dieselbe Treppe mit abgefeilten Kanten und mit Krippenputz überarbeitet.

Steintreppe mit unregelmäßigen Stufen aus mit Krippenputz überarbeiteten Weichfaserplattenstücken.

Brunnen

Brunnen spielen vor allem bei orientalischen Krippen eine wichtige Rolle. Ob rund oder eckig, freistehend oder an eine Mauer angebaut – sie werden aus Steinen oder Ziegeln gemauert und manchmal noch verputzt. Wer sich als Krippenbauer nicht die Mühe machen möchte, den Brunnen aus zurechtgeschnitzten, aufeinandergeleimten Lärchenborkenziegeln aufzubauen, kann auch ein Stück von einer dickeren Pappröhre des entsprechenden Durchmessers verwenden oder die Mauerteile aus Spanplatten aussägen.

Ausschnitt Brunnen
Siegfried Leibfahrt, Dettingen

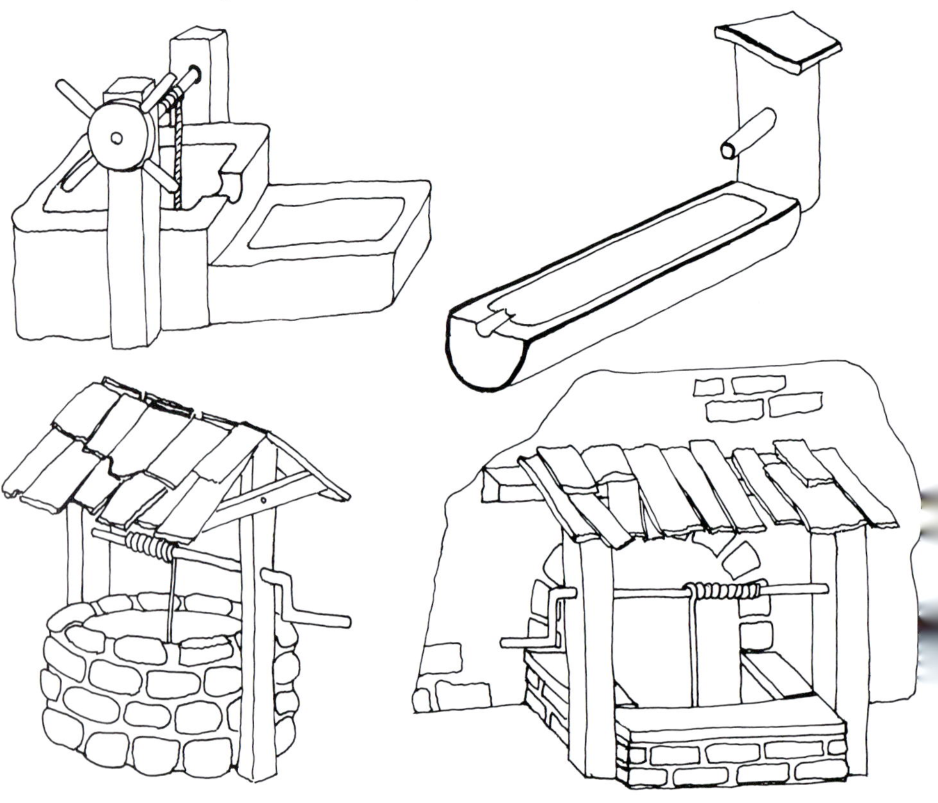

Auf diese Unterkonstruktion klebt man die Steine oder Ziegel aus Borke, Kork, Krippenputz oder aber Kieselsteine bzw. Schiefersplitter. Der Brunnenrand kann noch durch ringsum aufgeleimte, zurechtgeschnitzte Holzplatten abgedeckt werden.

Die Kurbelwelle mit dem aufgewickelten Seil besteht entweder aus einem dicken, zurechtgebogenen Drahtstück oder, wenn sie über ein Holzrad mit Speichen bewegt wird, aus einem Schaschlikspieß. Zwei in entsprechender Höhe durchbohrte Vierkanthölzer halten die Kurbelwelle. Ein daraufliegender Querbalken verleiht beiden senkrechten Hölzern zusätzlichen Halt. Das Dach auf dem Brunnen verringert die Verdunstung des Wassers.

Für kleindimensionierte Misthaufen halbiert man die Lärchennadeln oder kürzt den Rasenschnitt entsprechend. Ist der aufgeschichtete „Mist“ in der Einfassung durchgetrocknet, wird er mit Klarlack übersprüht.

Futterraufe
Als Heu dient getrockneter Rasenschnitt, der evtl. noch mit der Schere gekürzt wird.

Misthaufen

Für die alten, bereits leicht verrotteten Bretter und Pfosten der Einfassung des Misthaufens verwenden wir leicht unregelmäßige Fichtenbrettchen, die mit dem Bunsenbrenner angesengt und mit einer Stahlbürste bearbeitet werden. Zusätzlich kann man sie noch beizen (Nußbaum).

Die hölzerne Einfassung besteht an jeder Seite aus zwei Brettern und zwei Pfosten. Die Pfosten werden in vorgebohrte Löcher der Bodenplatte vor der Stallwand gesteckt und zusätzlich angeleimt.

Der Mist selbst wird aus einer Mischung von Leim, brauner Pulverfarbe und Lärchennadeln oder Rasenschnitt hergestellt.

Misthaufen vor einer Stallwand

Kleingeräte

Mit genügend Geduld und Fingerfertigkeit kann man das Zubehör selbst basteln. Den Holzstapel, bei dem die einzelnen Scheite samt den beiden Stützpfosten zusammengeleimt sind, und auch den Wassertrog mit der Überlaufrinne wird sich jeder zutrauen. Der Starenkasten – bestehend aus einem oben schräg abgesägten Vierkantholz, auf das ein dünnes Brettchen geklebt ist, sowie eine Bohrung als Nistloch und eine angeleimte Anflugstange, ist nicht allzu schwierig nachzuarbeiten. Für den Besen genügen ein Schaschlikspieß, einige Besenborsten und etwas Zwirn.

Die verschiedenen Werkzeuge und Geräte sind schon kleine Kunstwerke. Sie werden teilweise aus dünnem Weißblech ausgeschnitten.

Ein Tip: Setzkästen erweisen sich oft als Fundgrube für allerlei Krippenzubehör: Körbchen, Gefäße, Geschirr, Lämpchen und vieles mehr kann über Weihnachten vorübergehend in Ihrer Krippe einen Platz finden.

Albert Früh, Metzingen

Die Wurzelkrippe

Bizarre Wurzelformen, wie wir sie vorwiegend auf steinigen Böden antreffen, wo sich die Wurzeln mühsam ihren Weg suchen müssen, eignen sich hervorragend für Weihnachtskrippen. Vor allem Eichen- und Buchenwurzeln haben teilweise sehr eindrucksvolle Formen. Auch Nadelhölzer wie Kiefer und Lärche können verwendet werden, während man auf Fichtenwurzeln besser verzichtet, weil diese leicht von innen her faulen.

Es kostet oft sehr viel Mühe und Schweiß, bis man geeignete Wurzeln ausgegraben bzw. Teile von Wurzelstökken abgeschlagen hat. Sie werden getrocknet, mit einer Bürste von Schmutz und von weichen Holzpartien befreit und zu einer Wurzelkrippe angeordnet. Die Wurzeln und die Bruchstücke verankert man mit Schrauben auf der Bodenplatte. Fehlende Teile können mit Maschendraht und Pappmaché ergänzt und mit graubrauner Farbe übermalt werden.

Natürlicher wirken reine Wurzelkrippen in ihren ursprünglichen Holzfarben, bei denen Lücken mit Moos und Flechten geschlossen werden. Stark ausgebleichte Wurzeln können mit Holzlasur überarbeitet werden.

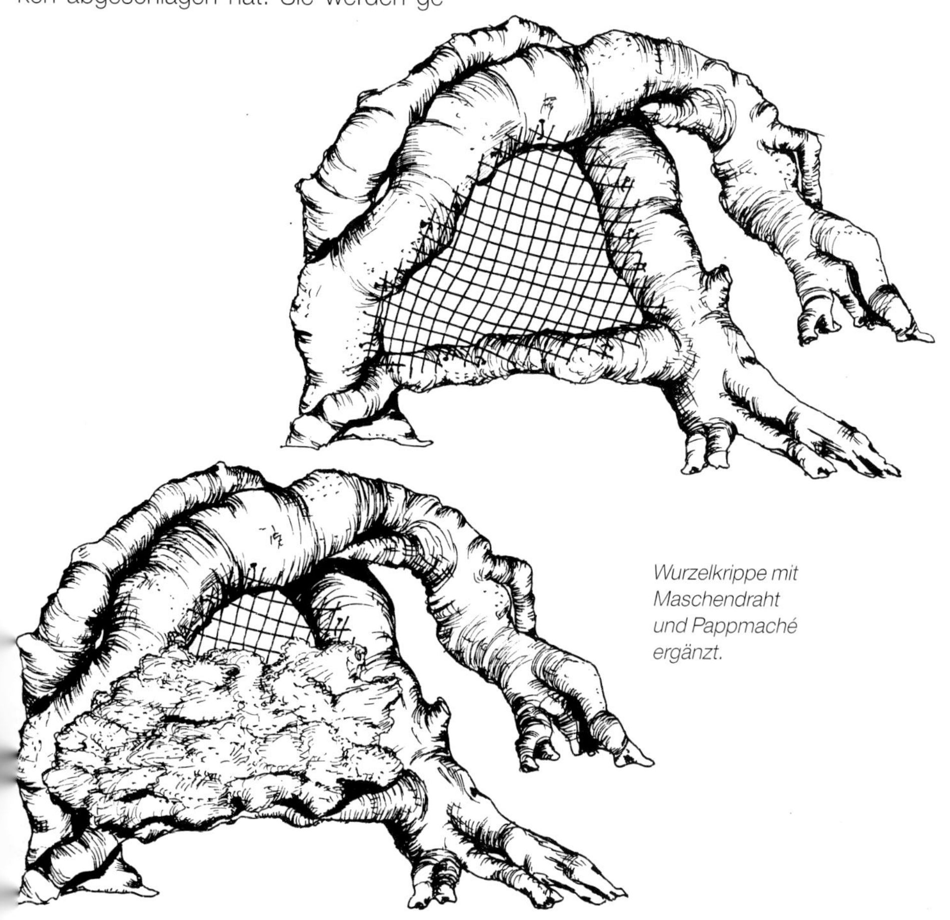

Wurzelkrippe mit Maschendraht und Pappmaché ergänzt.

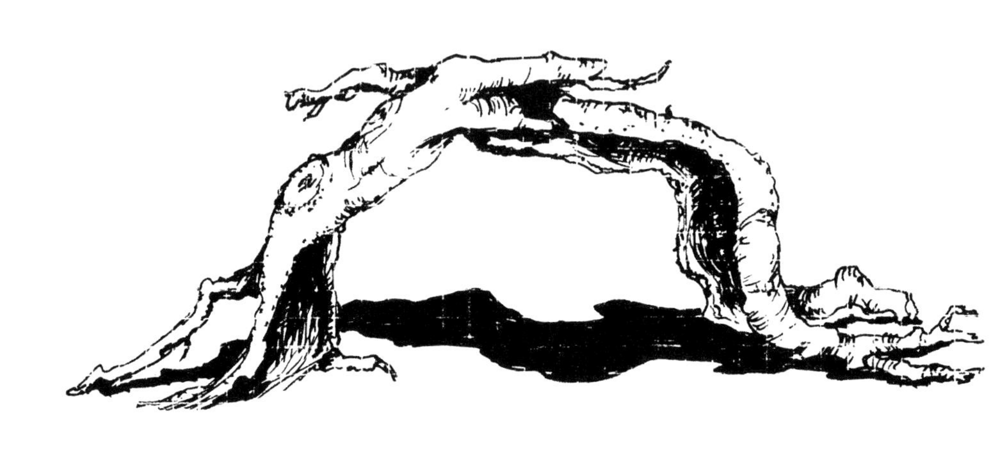

Schneekrippen

Schneespray verwandelt Ihre Krippenlandschaft im Nu in eine Winterlandschaft. Am besten wirkt eine sehr dünne Schneedecke, unter der noch die Braun- und Grüntöne des Geländes erkennbar sind. Mit Schneespray können sowohl Landschaften aus Moos und Rinde als auch aus Pappmaché überarbeitet werden. Vor allem für schneebedeckte Bäume und Sträucher eignet sich dieses Spray hervorragend.

Für eine tief verschneite Krippenlandschaft bietet sich weißer Fertigputz an. Als Untergrund verwenden wir am besten Preßspan- oder Weichfaserplatten. Auf massivem Holz können, bedingt durch das Schwinden des Holzes, Putz-

So einfach kann Krippenbau sein!

Zwei breite, flache Wurzelstücke werden aneinandergelehnt oder miteinander verleimt. Jetzt fehlen nur noch die Figuren.

risse auftreten. Auf den verschneiten Wegen sind überall Fußspuren erkennbar, die alle zum Krippenstall führen. Die Fußspuren drücken wir mit einem Hölzchen , dessen eine Seite oval zugeschnitten ist, in den leicht angetrockneten Putz. Auch hier wird zusätzlich noch Schneespray aufgesprüht. Wer jegliches Risiko scheut und dennoch eine Schneekrippe haben will, verwendet Watte und Mehl. Sowohl auf dem Gebäude als auch auf der Landschaft wird Watte verteilt und mit Mehl bestreut. Beim Abbau der Krippe nehmen wir einfach die Watte ab. Das Mehl wird abgesaugt bzw. abgeblasen. Den weißen Staubschleier entfernen wir mit einem nassen Lappen.

Schneekrippe

An der Rückwand, die rechtwinklig mit der Bodenplatte verschraubt ist, werden mit Nägeln oder Krampen entsprechend geformte Maschendrahtstücke befestigt und mit Pappmaché überarbeitet. Eine andere Möglichkeit ist die Verwendung von in Leimwasser getauchtem Rupfen, der ebenfalls auf ein Maschendrahtgerüst aufgetragen wird. Nachdem die Felsen gut durchgetrocknet sind, überzieht man sie mit einer grauen Farbschicht, so daß die Pappmaché- bzw. die Gewebestruktur verdeckt wird. Typische Felsstrukturen werden erzielt, indem ein zu-

---

Johannes Walter Hamm, Hausen

sammengeknüllter Stofflappen mehrmals in die noch feuchte Farbe gedrückt wird. Einige, später aufgetragene, braune und grüne Farbinseln erinnern an den Moos- und Flechtenbewuchs. Abschließend überarbeitet man die Krippe mit Schneespray.

Schneekrippe

Der Schnee dieser Krippe besteht aus Watte und aufgestreutem Mehl. Direkt vor dem Gebäude liegt nur Mehl. Mehrmaliges Aufstellen der Figuren und Fingerspuren zeigen den Weg zu dem vielbesuchten Ort. Watte und Mehl sind in jedem Haushalt vorhanden und verwandeln Ihre Krippe im Handumdrehen in eine Schneekrippe. Wenn Sie sich daran sattgesehen haben, kann die Watte abgenommen, das Mehl abgekehrt oder abgeblasen werden und stattdessen Moos, Sand, Blumenerde o. ä. arrangiert werden.

Uwe Hinzmann, Starzeln

Schneekrippenstall mit gemaltem Hintergrund

Am Krippenstall ist das Schneespray sehr sparsam eingesetzt worden, und der kleine Vorplatz ist ebenfalls fast schneefrei. Unter der dünnen Schneedecke sind die Moospolster und die Wurzelstücke, mit denen die Landschaft gestaltet wurde, deutlich erkennbar.
Nach hinten schließt sich eine gemalte, schneebedeckte Gebirgslandschaft an. Der auf eine dicke Papp- oder Sperrholzplatte gemalte Hintergrund ist nicht fest mit der Krippe bzw. der Landschaft verbunden. Er wird einfach hinten an die Zimmerwand angelehnt.

Anton Lohr, Groß-Kötz

Schneekrippe

Diese Krippenlandschaft ist ebenfalls mit Schneespray besprüht worden. Beim Sprühvorgang werden die Krippenfiguren natürlich abgenommen.
Eine bemalte Rückwand und einige hinter dem Stall verankerte Tannenzweige schließen die Landschaft nach hinten hin ab. Damit die Zweige länger frisch bleiben, kann noch ein verdecktes Wassergefäßt vorgesehen werden.

Fritz Völkl, Ichenhausen

Die Krippenlandschaft

Das Gelände

Das Krippengebäude kann, was am einfachsten ist, direkt auf eine ebene Bodenplatte geleimt und genagelt werden. Optisch ungleich wirkungsvoller ist jedoch ein unregelmäßiger Geländeverlauf mit unterschiedlich hohen Handlungsebenen. Dazu wird auf der Hartfaserbodenplatte aus Bruchstücken von Weichfaserplatten, Holz- und dicken Rindenstücken, die aufgeleimt und aufgenagelt werden, die Landschaft aufgebaut. Mit Putz oder Pappmaché (in Tapetenkleister eingeweichte Papierfetzen) überarbeiten wir das Gelände. Anschließend wird das grauweise Gelände mit brauner Dispersionsfarbe angestrichen. Ist der Rohbau fertiggestellt, haben wir zwei Möglichkeiten:

Wir arrangieren frisches Moos, streuen Sand und legen Steine aus. Die lose aufgelegten Materialien werden abgenommen, wenn die Krippe abgebaut wird. Wege und vor allem Grünflächen können auch dauerhaft auf der Krippenlandschaft mit Leim und Sprühkleber fixiert werden. Voraussetzung dafür sind lichtechte Materialien, die ihre Farbe behalten, beispielsweise durchgefärbtes Streumaterial, wie es für die Geländebedeckung bei Modelleisenbahnen verwendet wird.

Unten:
Rumänische Krippe in einer aus Pappmaché gestalteten Landschaft. Als Bodenbedeckung dienen grün besprühtes, zerhacktes Moos und gesiebter Sand. Teilweise ist das Pappmaché auch braun bemalt.

Oskar Linder, Oxenbronn

Wiesen und Weiden

Bei der Gestaltung der Grünflächen kann man zwischen drei Möglichkeiten wählen: frisches Moos, getrocknetes Moos und Streumaterial.

Frisches Moos sieht sehr dekorativ aus. Es hat jedoch mehrere Nachteile. Es bleibt nur kurze Zeit frisch und muß u. U. mit dem Zerstäuber mit Wasser besprüht werden. Vor allem an den dicken Moospolstern befindet sich sehr viel humoses Material an der Unterseite, das abfällt und auf der Krippenanlage zurückbleibt. Es muß beim Abbau vorsichtig abgekehrt oder abgesaugt werden. Sollte zur Zeit, wenn die Krippe aufgestellt wird, bereits Schnee liegen, muß man Stellen, an denen besonders schöne Moospolster wachsen, bereits vorher kennen.

Getrocknetes Moos, vor allem die dünnen Moosplatten, kann mehrere Jahre verwendet werden. Beim Abnehmen bleiben längst nicht so viele Humusreste zurück wie bei frischem Moos. Die Färbung der Moospolster ist ein stumpfes Grün, das nach Jahren gelblich braun wird.

Streumaterial in den entsprechenden

Hirtenverkündigung
Landschaftsgestaltung aus Moos und Wurzelstöcken.
Anton Seitz, Günzburg

Farben und Mischungen kann man in Spielwarenläden kaufen. Es wird vorwiegend für Modelleisenbahnlandschaften verwendet. Dieses Material ist durchgefärbt und kann entweder lose aufgestreut oder aber mit Sprühkleber oder Kleister dauerhaft fixiert werden.

Manche Krippenbauer stellen das Streumaterial selbst her, indem sie die grünen Teile des Mooses abschneiden, trocknen und zerhacken. Doch dieses Streumaterial verliert nach einigen Jahren auch seine grüne Färbung und muß dann erneuert werden.

Zäune

Zäune werden vorwiegend bei heimatlichen Krippen verwendet, um Weiden und Gärten abzugrenzen. Bei alten Krippen ist das Gebäude mit der Heiligen Familie von einem Zaun umgeben, der diesen Bereich als heiligen Ort von der übrigen Landschaft abgrenzt.

Als Zaunpfosten eignen sich zurechtgeschnittene Zweiggabeln, Haselnußruten oder Vierkanthölzer. Als Querhölzer kann man gerade gewachsene Haselnußruten, rund bzw. gespalten, schmale Holz-

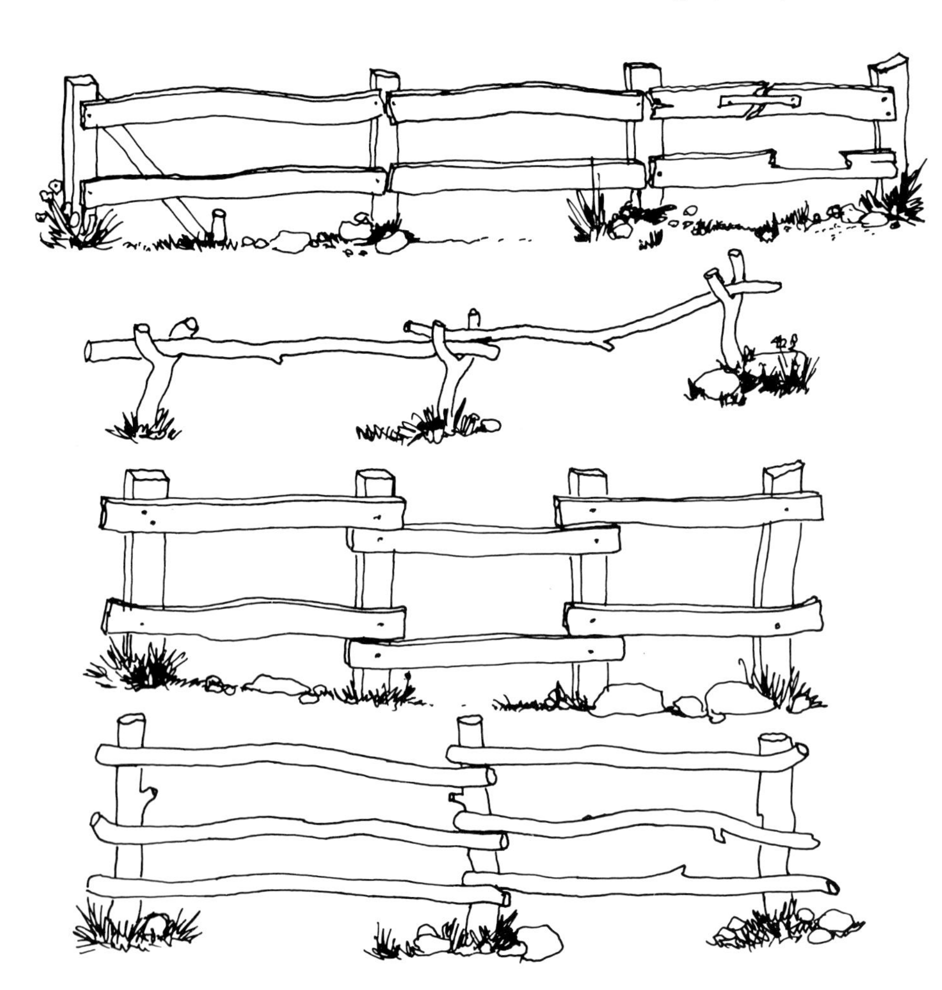

leisten oder auch leicht gekrümmte Zweige verwenden.

Wege und Pfade

Sie durchziehen die Krippenlandschaft und führen zum zentralen Gebäude mit dem Jesuskind. Als Wegmaterial wird vorwiegend feingesiebter Sand verwendet, der auf den mit Leim bestrichenen Verlauf des Weges gestreut wird. Steine und Würzelchen, Moos- und Flechtenbüschel, die den Weg säumen und stellenweise in den aufgestreuten Sand hineinragen, lockern den Verlauf auf. Ab und zu können auch geschnitzte Marksteine oder Wegweiser aufgestellt werden.

Felsen

Bedingt durch ihr Gewicht und das Problem der festen Verankerung werden Steine nur selten verwendet. Es gibt jedoch einige Materialien, die, wenn sie überarbeitet werden, wie Felsen aussehen: Baumrinden, Styropor und Pappmaché. Diese Ersatzmaterialien haben den Vorteil, daß sie einerseits viel leichter und andererseits viel flexibler als Steine sind. Aus ihnen kann eine Berg- und Felslandschaft individuell aufgebaut werden.

Aus Baumrinden wird zusammen mit **Wurzeln** und **Aststücken** das Felsgelände auf die Bodenplatte geleimt und genagelt. Fehlende Felsstücke werden mit Pappmaché und etwas Maschendraht ergänzt, bemalt und evtl. mit Moos, Flechten und Rindenstücken beklebt. Brücken und steile Pfade beleben die zerklüftete Landschaft.

Sind geeignete Wurzel- und Aststücke nicht ausreichend vorhanden, muß zusätzlich noch auf Holzblöcke und Bruchstücke von Weichfaserplatten zurückgegriffen werden. Diese Unterkonstruktion wird mit Putz oder Pappmaché überarbeitet und mit weißer Dispersionsfarbe, der man etwas Schwarz zumischt, grundiert. Die endgültige Farbgebung erfolgt mit Pulverfarben (Graugrün, Schwarz, Weiß), die in mehreren Gefäßen mit Leimwasser (Wasser und etwas Kaltleim, z. B. Ponal) angerührt werden.

Wird die Farbe sofort nach dem Auftragen mit einem nassen Schwamm wieder abgenommen, bleibt ein Farbschleier zurück. Je länger die Farbe auf der Grundierung steht, bevor sie abgewischt wird, desto kräftiger wird sie. Der Vorgang wird mit den Farben an der gesamten Felsfläche mehrmals wiederholt, bis die gewünschte Farbverteilung und -intensität erreicht ist. Die Farben werden teilweise in mehreren, fast transparenten, verschiedenfarbigen Schichten oder aber deckend aufgetragen. Dabei sind die exponierten Stellen des Gesteins heller, während die zerklüfteten Bereiche dunkler sind. Abschließend klebt man noch Flechten und Moose an die Felswand.

Styropor ist im Krippenbau ein vielseitig verwendbares Material. Entweder werden die Felsen aus einem Block ausgeschnitten oder aber man leimt einzelne herausgeschnittene Felsen zusammen bzw. auf eine hölzerne Unterkonstruktion.

Für Felsen aus **Pappmaché** ist ebenfalls eine Unterkonstruktion notwendig. Wir formen die Felsen zunächst aus Maschendraht und nageln sie auf entsprechend zurechtgesägte Holzblöcke. Mit größeren in Tapetenkleister getauchten Zeitungsstücken wird das Felsgerüst mehrlagig bedeckt, bis eine etwa 0,5 cm starke Schicht entstanden ist. Für die Feinarbeit der Oberflächengestaltung der Felsen nimmt man in Kleister eingeweichte Zeitungsschnipsel.

Pappmachéfelsen können entweder direkt bemalt oder aber vor der Bemalung zusätzlich noch mit Verstreichmasse überarbeitet werden. Styroporfelsen müssen vorher mit Krippenputz überstrichen werden.

Landschaft aus naturbelassenen Wurzelstöcken.

Josef Köttner, Ichenhausen

Gewässer

Kleine Wasserflächen, beispielsweise in Brunnentrögen oder Wassergefäßen, lassen sich durch Auftragen von gut zerfließendem, klarem Klebstoff vortäuschen. Zähflüssige Klebstoffe sind dafür ungeeignet.

Teiche, Seen, Brunnen gestaltet man mit Hilfe von flachen Wannen oder Schüsseln, die evtl. noch mit wasserfester Farbe bemalt werden können. Die benötigten Vertiefungen müssen in die Bodenplatte eingearbeitet werden. Rindenstücke, Moos, Flechten und Steine lockern die Gewässerränder auf. Zusätzlich können Inseln oder Halbinseln aus bemoosten Steinen eingearbeitet werden. Auf dem Wasser schwimmt vielleicht ein Kahn, der an einem Bootssteg oder an einem ins Wasser ragenden Baumstamm befestigt ist.

Entleert werden die Wassergefäße, sofern sie fest installiert sind, mit einem trokkenen Schwamm. Lose plazierte Wassergefäße werden einfach ausgeleert.

Wasserläufe und Teiche können mit klarem Gießharz aus dem Fachhandel ausgegossen werden. Vorher müssen wir sämtliche undichten Stellen mit Plastillin oder Verstreichmasse abdichten.

Das Bach- bzw. Teichbett wird in einem Braunton, der zur umgebenden Landschaft paßt, angestrichen. Steine in unterschiedlicher Größe, die vor dem Eingießen der glasklaren Flüssigkeit am Boden verteilt werden, geben dem Gewässer ein natürliches Aussehen. Nach dem Trocknen ist die Gießmasse hart wie Glas.

Brücken

Damit Brücken sinnvoll in die Landschaft integriert werden können, muß das Gelände zunächst ansteigen, um am Wasserlauf oder an der Felsschlucht wieder abzufallen. Der Geländerohbau erfolgt durch Holzblöcke und Plattenreste. Markante Stellen, beispielsweise die Bachufer, werden mit dicker, rauher Lärchenborke ausgelegt.
Bevor wir die Geländeteile endgültig aufleimen und -nageln, probieren wir durch Verschieben und Umstellen der Teile mehrere Möglichkeiten aus. Das Gelände wird dann bis auf den geplanten Standort der Brücke mit Verstreichmasse (Krippenputz u. ä.) überarbeitet. Für hölzerne Brücken verwenden wir Vierkanthölzer, die gebeizt bzw. geflammt und gebürstet werden, oder Haselnußzweige. Bei steinernen Brücken werden die Brückenbögen aus Preßspan- oder Sperrholzplatten ausgesägt und verputzt oder beispielsweise mit Steinen aus Lärchenrinde beklebt. Das Zwischenstück besteht aus Styropor, das ebenfalls mit Putz eingestrichen wird.

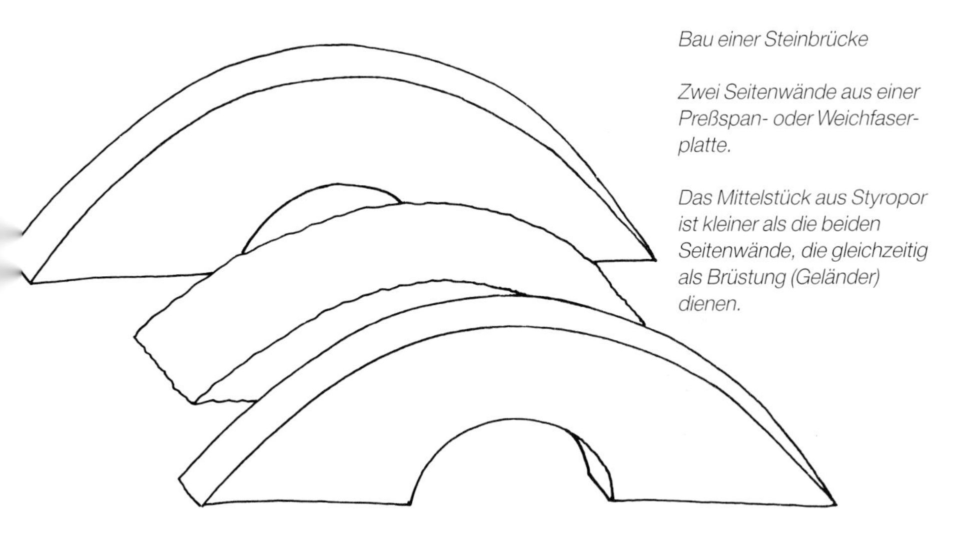

Bau einer Steinbrücke

Zwei Seitenwände aus einer Preßspan- oder Weichfaserplatte.

Das Mittelstück aus Styropor ist kleiner als die beiden Seitenwände, die gleichzeitig als Brüstung (Geländer) dienen.

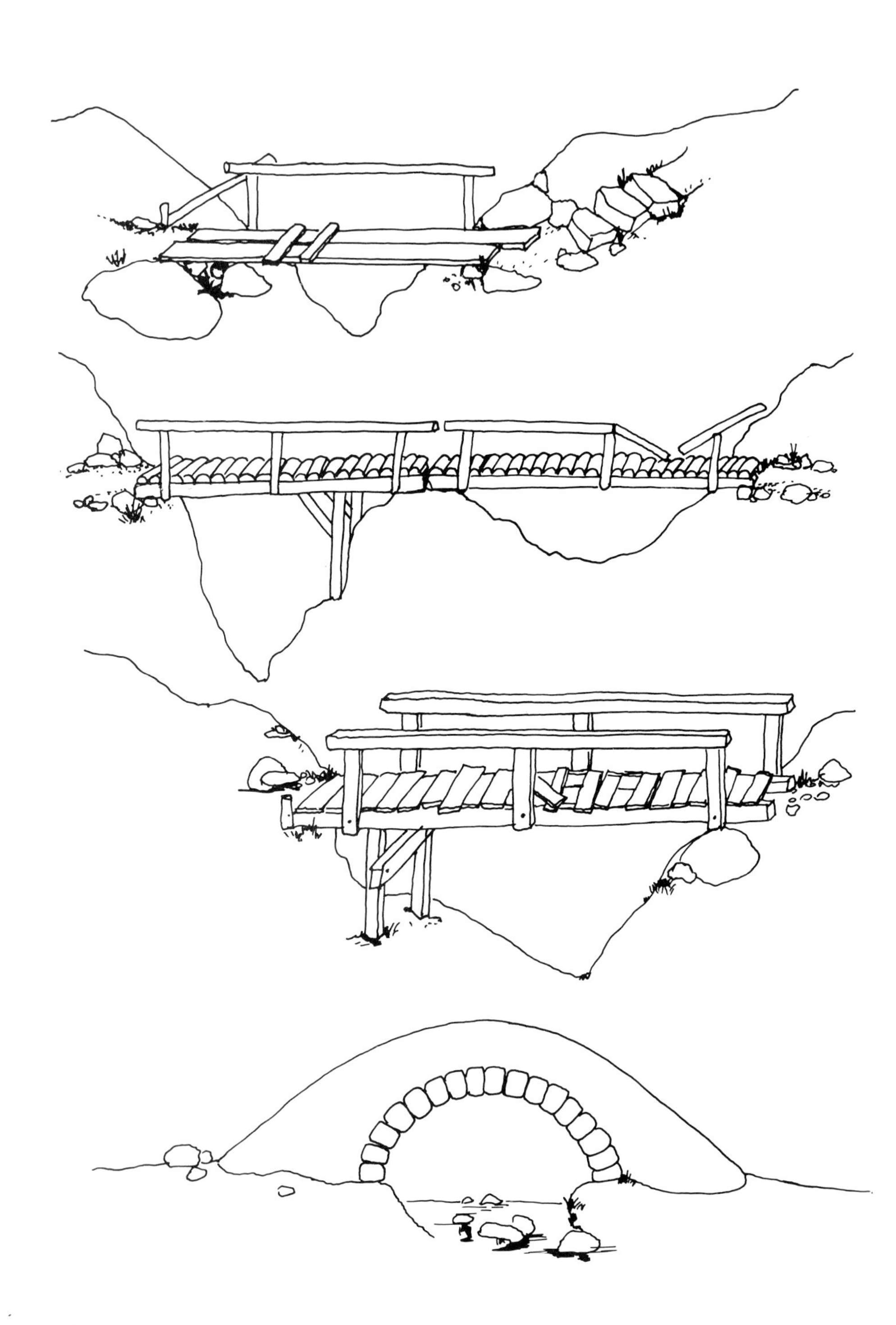

Bäume und Sträucher

Bäume und Sträucher lassen sich durch **Wurzelstücke von kleinwüchsigen holzigen Pflanzen** gut darstellen. An der Wurzel, die als Baumkrone dient, wird ein Stück Stamm belassen, in dessen Ende ein Nagel geschlagen wird. Mit einer Zange den Nagelkopf abzwicken. In die Bodenplatte werden Löcher gebohrt, in denen diese Bäume mit Hilfe der Nägel verankert werden.

Auch **stark verzweigte Äste,** beispielsweise von Schlehen (Schwarzdorn) oder Holunder, geben sehr schöne Bäume ab. An diese Äste können kleinlaubige, getrocknete Zweigchen von Thymian, Hirschheiderich o. ä. geklebt werden. Oft ist es möglich, auch kleine Bohrlöcher anzubringen, in die die Zweigchen eingeleimt werden.

Thymian-, Heidelbeer- und Buchszweige, die in einen Knetklumpen eingesteckt werden, der zuvor mit Moos, Sand, Torf u. ä. bedeckt wird, ergeben sehr dekorative Sträucher. Für Nadelbäume eignen sich Zweige von Wacholder, Zypresse, Scheinzypresse und Thuja. Fichten- und Tannenzweige verlieren recht schnell ihre Nadeln; dazu kommt noch, daß ihre Nadeln von der Proportion her zu groß für die Krippenlandschaft sind.

Nadelbäume binden

Aus Haselruten, Thujazweigen und grünem Wickeldraht lassen sich in kürzester Zeit Nadelbäume herstellen. Am unteren Stammdrittel werden rundum drei Thujazweige angelegt und mit Wickeldraht mehrmals umwickelt. Etwas weiter oben am Stamm werden, leicht versetzt, die nächsten Zweige aufgebunden. Der Vorgang wird noch ein- bis dreimal wiederholt. Beim Binden des Baumes ist zu berücksichtigen, daß die Zweige nach oben hin kürzer werden. Zweige von Zypressen und Scheinzypressen eignen sich ebenfalls gut. Diese Bäume müssen jedes Jahr neu gebunden werden, weil die Farben nach einigen Monaten verblassen und die Zweige brüchig werden.

Auf der Flucht
Gebundener Baum aus Thujazweigen, mit Schneespray besprüht.
Anton Machauf, Ichenhausen

Palmen

Palmen wachsen selten ganz gerade. Wir wählen deshalb leicht gebogene Hasel- oder Weidenruten als Stämme. Am unteren Ende wird ein Nagel eingeschlagen und der Kopf abgezwickt. Man taucht den Stamm in Leim und umwickelt ihn, unten beginnend, bis nur noch 2 bis 3 cm der Rute unbedeckt sind.

Die Palmenblätter bestehen aus zwei dunkelgrünen Tonpapierstücken, zwischen denen sich als Stiel ein Drahtstück (z.B. grüner Blumensteckdraht) befindet. Mit Kontaktkleber (z.B. Pattex) werden die beiden Tonpapiere an den Innenseiten bestrichen und zusammengedrückt. Damit der Draht als Blattstiel durchgängig sichtbar ist, fährt man mit den Fingernägeln an der späteren Blattoberseite am Draht entlang.

Das Blatt wird lanzettförmig ausgeschnitten und vom Blattrand her schräg zur Mitte hin mit Einschnitten versehen. Wir fertigen pro Palme acht bis zehn Blätter an, wobei drei bis vier davon etwas kleiner sein sollten. Die Stiele der kleinen Blätter werden rundum am oberen Stammende angelegt. Versetzt darunter folgt eine weitere Runde mit den restlichen Blättern. Sie werden zunächst mit Draht fixiert. Dann wird das noch nicht umwickelte Stammende erneut mit Leim bestrichen und mit dem restlichen Rupfenband bis zum Blattansatz umwickelt. Mit Holzbeize (Nußbaum) färben wir den Stamm und auch die Stammspitze. Zu-

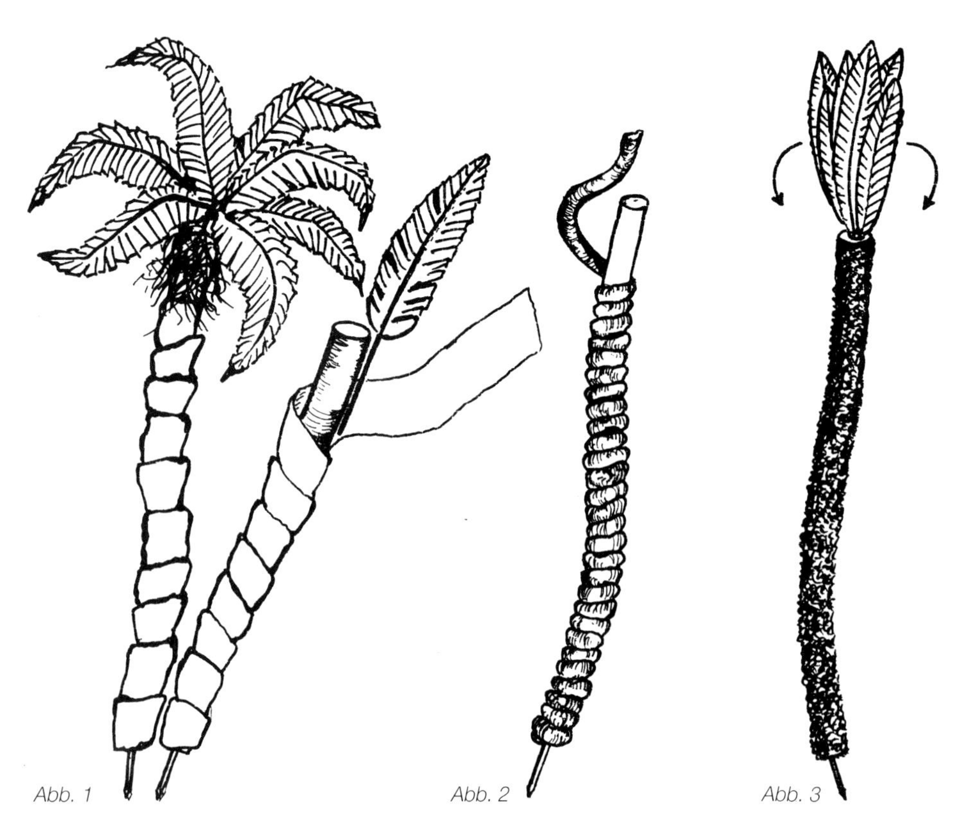

Abb. 1 *Abb. 2* *Abb. 3*

sätzlich können noch knapp unterhalb der Palmenkrone Kokosfasern angeklebt werden (Abb. 1).

Auch mit Juteschnur kann man die Palmenstämme umwickeln. Jute ist in verschiedenen Brauntönen in Bastelgeschäften erhältlich, so daß das Beizen entfällt (Abb. 2).

Die in Leim getauchte Rute kann auch mit grobem Sägemehl oder noch besser mit Korkkrümeln (unter der Bezeichnung Korkschrot im Fachhandel erhältlich) bedeckt und anschließend gebeizt werden. In das obere Stammende bohren wir ein ca. 2 cm tiefes Loch, in das die Stiele der Palmenblätter eingeleimt werden (Abb. 3).

Kakteen

Kakteen passen sehr gut zu orientalischen Krippen. Am einfachsten und billigsten ist es wohl, wenn man im Gelände Vertiefungen für die Blumentöpfchen vorsieht. Wenn die Krippe abgebaut wird, finden die Kakteen wieder ihren Platz auf der Fensterbank.

Man kann auch Kakteenableger auf Schaschlikstäbchen aufspießen und die Bruch- und Schnittstellen mit Klebstoff verschließen, damit sie nicht austrocknen. Die Ableger behalten einige Monate ihre Farbe. In der Krippenlandschaft werden an den betreffenden Stellen Bohrlöcher angebracht, in die die aufgespießten Kakteen gesteckt werden.

Als dritte, allerdings etwas kostspieligere Möglichkeit bieten sich Tillandsien an, die man in Gärtnereien kaufen kann. Die an Agaven und Aloen erinnernden graugrünen Pflanzen brauchen keine Wurzeln, denn sie decken ihren Wasser- und Nährstoffbedarf durch die Luft. Sie können direkt auf Steine oder Holzstücke geklebt werden. Die Steine oder Holzstücke mit den Tillandsien müssen jedoch nach dem Fest abgenommen und im Wohnbereich aufgestellt werden, denn sie benötigen auf die Dauer eine bestimmte Lichtmenge, die sie auf dem Speicher oder in irgendwelchen Kisten und Schränken nicht bekommen.

So wird eine Ruinenkrippe gebaut

Abb. 1
Auf die Bodenplatte aus Preßspan leimen und schrauben wir im hinteren Bereich ein dickes Brett aus Holz oder Preßspan. Darauf steht eine halbzerfallene Wand aus demselben Material, die von unten auf die Bodenplatte geschraubt wird. Für das Herausarbeiten des unregelmäßigen Mauerverlaufs und des Torbogens verwenden wir eine Stichsäge. Die Mauerränder werden mit der Feile abgerundes. Direkt vor dem Tor befinden sich zwei unterschiedlich hohe Stufen, die, wie auch der Torbogen, der Größe der Figuren angepaßt werden müssen. Nach links hin schließt sich rechtwinklig eine weitere Wand an. Ein großes, unregelmäßig ausgesägtes Plattenstück, dessen obere Kanten mit einer Raspel gebrochen werden, bedeckt fast die Hälfte der Bodenplatte. Es wird ebenfalls aufgeleimt und aufgeschraubt.

Abb. 2
Für die Balkenkonstruktion des angebauten Unterstandes verwenden wir Vierkanthölzer, die unterschiedlich stark sein können. Die Hölzer werden vor dem Zusammenbau mit dem Bunsenbrenner angesengt und die weichen Bereiche mit der Drahtbürste entfernt. Zusätzlich beizen wir das Holz nach dem Zusammenbau noch mit Nußbaumbeize. Die Balken werden geleimt und, wenn möglich, genagelt.

Abb. 3
Auf die Mauern werden an mehreren Stellen Ziegelsteine aus Kork oder Borke geleimt. Wir überarbeiten die ganze Krippe, mit Ausnahme des Balkengerüstes und der Ziegelsteine mit Putz. Die Wände und die Stufen werden mit weißer Dispersionsfarbe und anschließend noch mit in Leimwasser gelösten Pulverfarben gefaßt. Mit brauner Dispersionsfarbe, z. B.

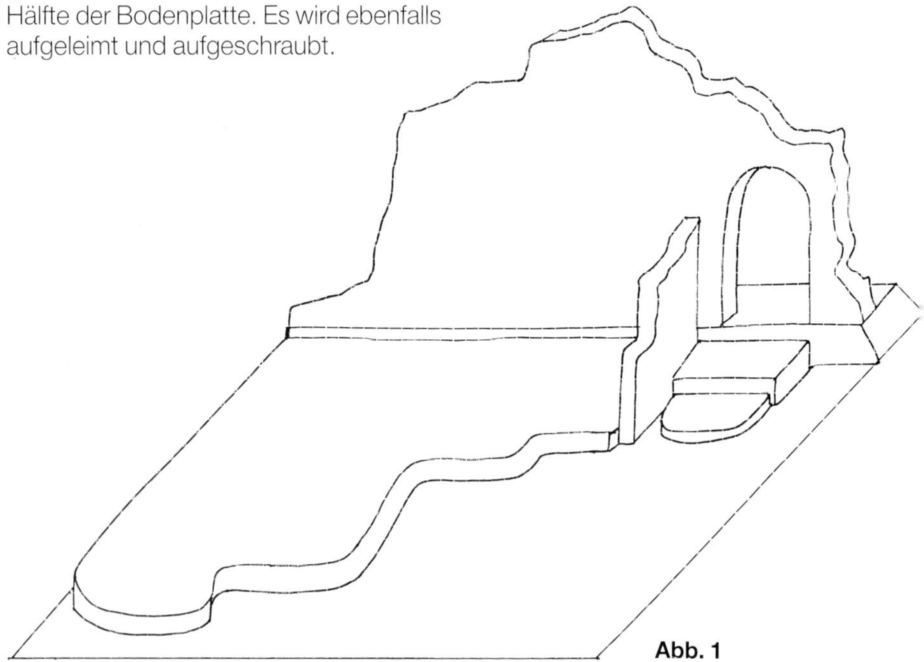

Abb. 1

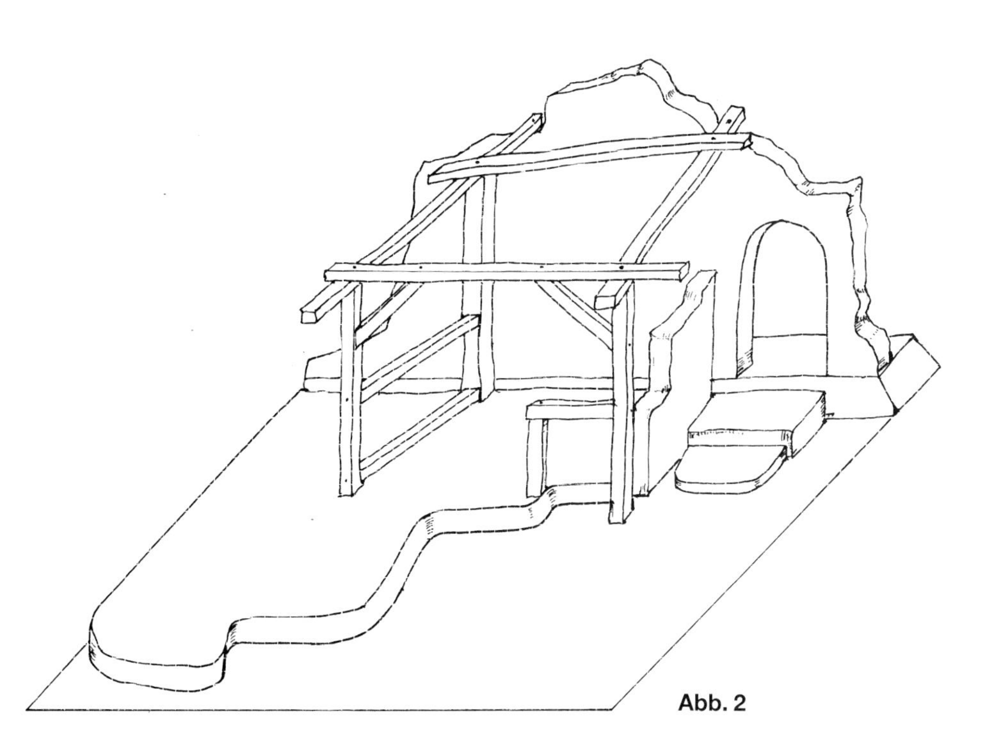

Abb. 2

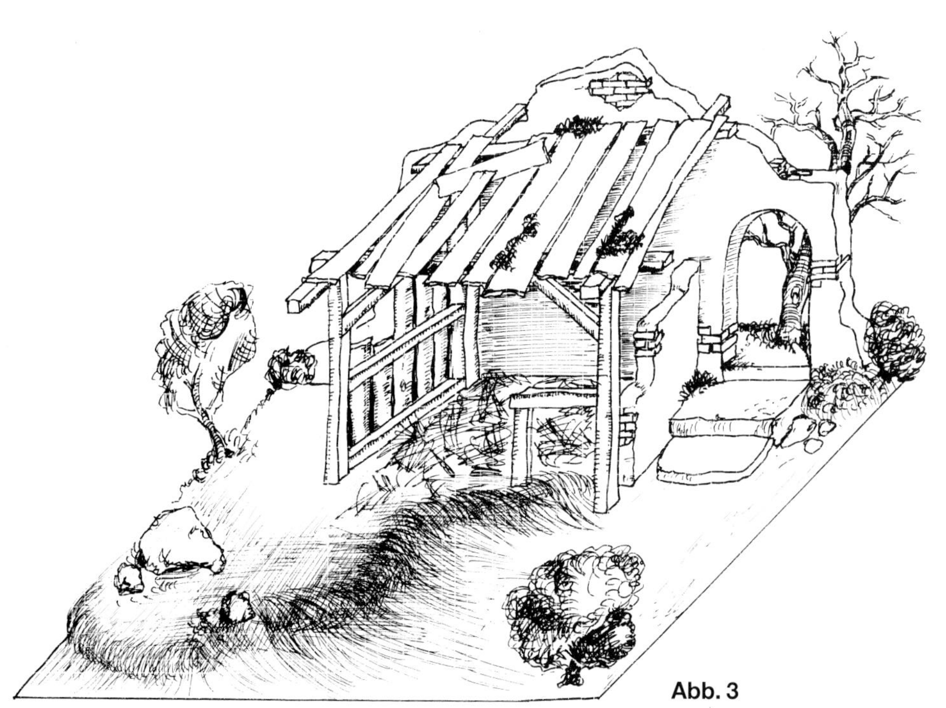

Abb. 3

Umbra, grundieren wir das Gelände. Eine Seitenwand des Unterstandes und das Dach werden mit unterschiedlich breiten Brettern verschalt. Aus geeigneten Wurzeln und Zweigen fertigen wir Bäume und Sträucher. Für die Geländegestaltung benötigen wir noch einige Steine, etwas Moos und Sand.
Im Unterstand, in dem eine Futterraufe angebracht werden kann, bedeckt kleingeschnittenes Rasenheu den braunen Boden.

So wird eine orientalische Krippe gebaut

Abb. 1
Aus einem Styroporblock schneiden wir ein Gewölbe heraus. Darauf werden einige Styroporstreifen geleimt. Die umgebenden Mauern – ebenfalls aus Styropor – werden an der Oberseite leicht abgeschrägt. An den Stellen, an denen sich Steine aus dem Mauerwerk gelöst haben bzw. nur noch Mauerteile stehen, brechen wir die Mauer, d. h. der Mauerverlauf wird auf der Styroporplatte vorgeritzt und dann gebrochen. Das Flachdachgebäude im Hintergrund besteht aus dickeren Preßspan- oder Weichfaserplatten. Mit einer Stichsäge wird das Tor ausgesägt und mit Raspel und Feile nachgearbeitet. Weil viele orientalische Flachdächer einen leichten Vorsprung haben, leimen und nageln wir zwei entsprechend ausgesägte Platten als Dachflächen auf das Torgebäude.

Abb. 2
Mit einem Lötkolben ritzen wir die Mauerfugen in den Styroporblock des Gewölbeteils. Begonnen wird mit der Herausarbeitung der Steine des Torbogens. Rechts unten schließt sich ein kleiner Backsteinsockel an.

Zwischen das Gewölbe aus Styropor und das hohe Flachdachgebäude mit Tor fügen wir ein weiteres, aus Preßspan-, Tischler- oder Weichfaserplatten gefertigtes Flachdachgebäude ein. Die Fenster und Türöffnungen werden vor dem Zusammenbau eingesägt.

An die gegenüberliegende Seite des Gewölbes schließt sich ein Turm mit Tor an. Er wird ebenfalls aus Preßspanplatten o. ä. ausgesägt. Aus demselben Material arbeiten wir den umgekehrten Zinnenkranz und nageln und leimen ihn so an den oberen Turmrand, daß der Zinnenkranz etwas über den Turm ragt. Hier wird später eine Kuppe eingeleimt, die wir von einer Styroporkugel abschneiden.

Vorne links werden für den Brunnen noch drei Plattenstücke aus Styropor angeleimt.

Aus Reststücken des verwendeten Plattenmaterials gestalten wir das Gelände.

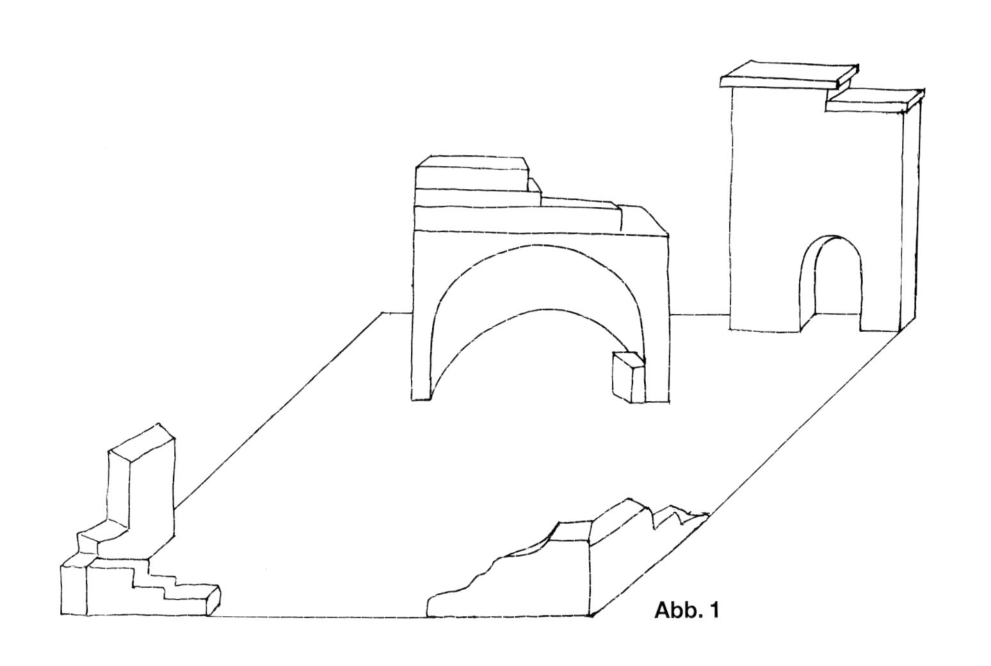

Abb. 1

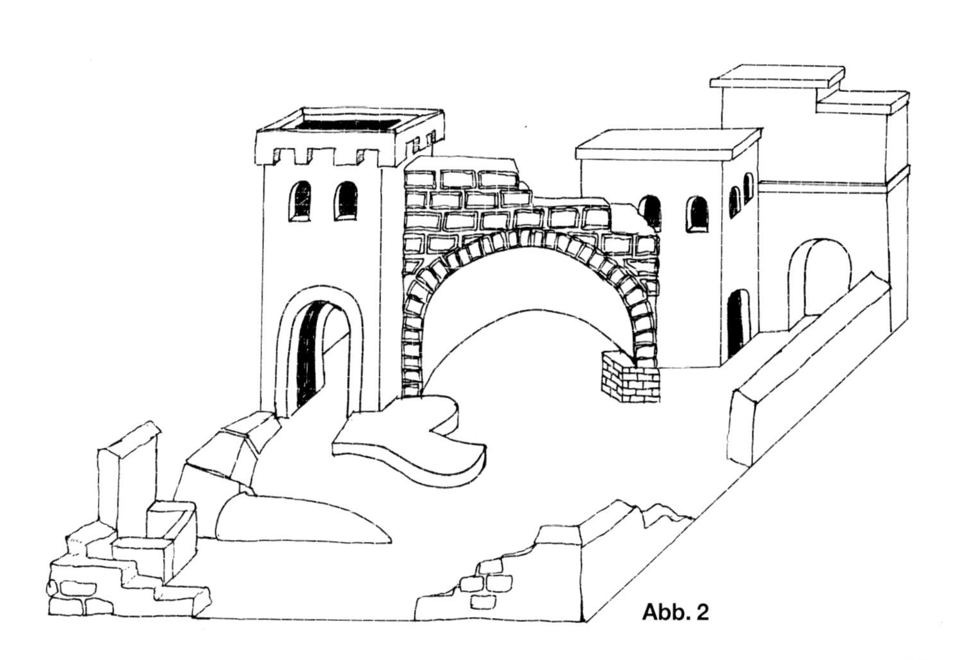

Abb. 2

Abb. 3
Am Torturm wird der Torbogen mit zurechtgeschnittenen Korksteinen verziert. An beiden Flachdachgebäuden ragen direkt unterhalb der Decken kleine angeleimte Holzstücke vor, die Deckenbalken vortäuschen sollen. Am hinteren Flachdachgebäude sind die Fenster nur aufgemalt. Sie werden mit feinem Maschendraht beklebt.

Am Brunnenschacht leimen wir zwei senkrechte Vierkanthölzer an, die bereits eine Bohrung für die Kurbelwelle aufweisen. Als Kurbelwelle dient ein Stück von einem Schaschlikstäbchen. An beiden Seiten werden Korkscheiben mit eingeleimten Speichen befestigt, die ebenfalls aus Schaschlikstäbchen oder Zahnstochern hergestellt werden. Ein aufgeleimtes Querholz hält die beiden Brunnenpfosten zusammen. Als Dachdeckung verwenden wir dünne Holz- oder Rindenstreifen, die auf die Styropormauer und auf das Querholz des Brunnens geleimt werden.
Bevor die gesamte Krippe, mit Ausnahme des Brunnenaufbaus und der aufgemalten Fenster des hinteren Flachdachgebäudes, verputzt und anschließend bemalt wird, leimen wir noch Wellpappestreifen auf die oben abgeschrägten Mauern. Die verputzten Teile, also auch das Gelände, werden mit weißer Dispersionsfarbe grundiert. Die endgültige Farbgebung erfolgt mit in Leimwasser eingerührten Pulverfarben. Vorherrschend sind erdige Farben wie Ocker, Umbra, Gebrannte Siena sowie Beige- und Grautöne. Das Gelände bestreuen wir mit gesiebtem Sand, nachdem wir es zuvor mit Kleister bestrichen bzw. mit Sprühkleber besprüht haben. Ganz zum Schluß bohren wir für die Befestigung der Palmen kleine Löcher in die Bodenplatte.

Abb. 3

Beispielhafte Krippen

Bis hierhin haben Sie in den Kapiteln alles Wissenswerte über die Herstellung der Krippen, einschließlich vieler Details, erfahren. Um aber die Krippe, die Sie sich selbst bauen möchten, herauszufinden, ist es am besten, Ihnen viele Möglichkeiten aufzuzeigen.

Der nun folgende Bildteil hat diese Aufgabe. Nur in beschränktem Maße werden noch Bauanweisungen oder gar Skizzen gegeben; denn die generellen Anleitungen dürften in den meisten Fällen ausreichen, das nachzugestalten oder abzuwandeln, was Ihnen gefällt.

Natürlich ist es bei diesem Thema nicht möglich – und wäre auch nicht sinnvoll –, daß der Autor versucht, alle Modelle selbst zu schaffen. Darum habe ich mich bei vielen Krippenbauern umgesehen und das für Sie ausgewählt, was in den Rahmen eines Buches für Hobbykünstler paßt.

Museumsstücke und große Krippenanlagen, wie sie häufig in Kirchen zu finden sind, mußte ich außeracht lassen. So möchte meine Auswahl nicht konkurrieren mit dem, was Krippenausstellungen zeigen, sondern Ihnen ganz konkret helfen, selbst etwas zu schaffen.

Krippenstall mit angebautem Schuppen

Mit sehr viel Liebe zum Detail ging der Krippenbauer hier zu Werke. Die Mauern aus Preßspan wurden mit Fertigputz verkleidet. Dachstuhl und angebauter Schuppen haben ein Fachwerk aus gebürsteten und gebeizten Balken. Eine unregelmäßige Bretterverschalung, die teilweise mit Holznägeln angebracht wurde, verdeckt das Fachwerk. An der verlängerten, mit einem Holzwinkel abgedeckten Firstpfette ist ein Seilzug befestigt, mit dem Heu und Stroh auf den Boden geschafft werden. Giebel- und Schuppentor haben gängige Bänder aus zurechtgeschnittenem und -gebogenem Weißblech. Auch die Verriegelung der Tore funktioniert tadellos.

Albert Früh, Metzingen

Ulrich Auer, Ichenhausen
im Besitz des Krippenbauvereins Ichenhausen e.V.

Krippenanlage mit geschnitztem Hintergrund

Am auffälligsten an dieser Krippe ist wohl das geschnitzte und bemalte Halbrelief, das die Stadt Bethlehem oder Jerusalem darstellt. Dieses abnehmbare Stadtrelief bildet die Fortsetzung der um die rechte hintere Ecke gezogenen Rückwand. An dieser Rückwand ist die Architektur aus teilweise mit geschnitztem Mauerwerk verzierten Holzwänden angebracht. Aufgeleimte und aufgenagelte Rindenstücke, die an eine stark zerklüftete Felswand erinnern, kaschieren die hölzerne Unterkonstruktion. Von der rechten Seite führt ein beschwerlicher Pfad an einem Rundholzgeländer nach oben zu der geschnitzten Stadt. Eine Brüstung aus Holz mit geschnitzten Pfosten und aufgeleimten Ornamenten schließt die Krippenanlage nach vorne hin ab.

Krippenstall mit Strohdach

Dieser von der Bauweise her abendländische Stall bildet einen reizvollen Kontrast zu seinem morgenländischen Umfeld, wobei die Landschaft aus gesiebtem Sand, Moos und eingesteckten Zweigen nahtlos in den gemalten Hintergrund überzugehen scheint.
Die vier Dachflächen werden zunächst zusammengeleimt und die Zierleisten angebracht, bevor sie auf den acht an der Bodenplatte festgeschraubten Stützbalken und an der Sperrholzrückwand befestigt werden.
Das für die Dachdeckung verwendete Stroh muß vorher eingeweicht werden, denn eingeweichte Halme lassen sich knicken, ohne zu brechen. Die Halme werden so auf eine Dachseite gelegt, daß sie zur Hälfte über den First überstehen und mit einem quer aufgenagelten Leistchen fixiert. Die überstehenden Halme auf die andere Dachhälfte herunterbiegen und ebenfalls mit einer Leiste festhalten. An die Halmenden nach unten weitere Strohhalme anschließen und die Enden ebenfalls abdecken. Abschließend werden noch beidseitig zwischen den Stützpfosten Querleisten angebracht.

Schreiter-Merkel, Meidelstetten

Strohgedeckter, offener Krippenstall

Dieser großzügig angelegte Stall ist durch halbhohe Bretterverschalungen in verschiedene Bereiche unterteilt. Auch die Seitenwände sind anstelle der üblicherweise bis unters Dach hochgezogenen Bretter halbhoch verschalt. Durch diese luftige Bauweise unterscheidet sich dieser Stall von den meisten anderen. Der Betrachter kann von drei Seiten in den Stall sehen.

Wolfgang Greiner, Hohenstein-Oberstetten

Krippenstall

Bei dieser Krippe fehlt die Firstpfette. Damit die Dachsparren dennoch zusammenhalten, wurden die linken, über den First überstehenden Sparren eingekerbt und die von rechts kommenden Sparrenenden in diesen Kerben angeleimt. Relativ lange Holzschindeln liegen auf den quer auf den Sparren angebrachten Dachlatten. Die Schindeln überlappen sich zwar, sind aber nicht versetzt angeordnet.

An den Stall schließt sich ein ebenfalls mit Schindeln gedeckter Anbau mit Pultdach an. Die Wände sind mit senkrecht bzw. waagerecht angebrachten Brettern verschalt, die unregelmäßig ausgesägt und an den Enden abgerundet sind. Die Verschalung des Anbaues hebt sich vom Stall durch eine hellere Holzbeize ab. Zuletzt wurden aus gestalterischen und statischen Gründen zwei senkrechte Balken mit dunkel gebeizten Holznägeln angebracht.

Ernst Kemmler, Reutlingen-Betzingen

Krippenstall

Rustikaler Krippenstall mit grobem Balkenwerk und Bodenplatte. Sämtliche Krippenteile sind aus Kiefernholz geschnitzt. Gebäude, Figuren und Zubehör sind mit unten angebrachten Drahtstiften in die Bodenplatte verankert und können jederzeit abgenommen werden.

Dietmar Baisch, Bernloch

Krippenstall

Vor allem bei sehr detailliert ausgearbeiteten Bauernhäusern oder Ställen neigen viele Krippenbauer dazu, auf eine umgebende Landschaft aus Moos, Steinen, Rinde etc. zu verzichten. Stattdessen werden die rund um das Gebäude etwas überstehenden Ränder der Bodenplatte angemalt oder mit Kleister bestrichen und dann mit Sand bestreut. In der Regel gibt es auch einen größeren Vorplatz, auf dem die Hirten und die Könige aufgestellt werden können. Dazu Brunnen, Holzstapel, Bäume, Bänke, Zäune o. ä.

Die Bodenplatte dieser Krippe hat eine sechseckige Grundform mit abgeschrägten Rändern. Darauf stehen ein großer, aus geschälten Zweigen gefertigter Stall und ein Anbau aus verputzten Sperrholzplatten. Als Zweige für das an ein Blockhaus erinnernde Gebäude verwendet man Hasel- bzw. Weidenruten – oder aber, wie in diesem Fall, Birkenzweige. Beim verputzten Anbau fällt der Mauersockel aus kleinen, schwarzen Fliesenstücken auf, die in den aufgetragenen Fliesenkleber so tief eingedrückt wurden, daß die Fugen zwischen den Fliesenstücken ausgefüllt sind. Die Schindeln werden von jeweils drei hölzernen Nägeln festgehalten. Am First stehen die Schindeln zur dem Wind abgewandten Seite hin etwas über.

Siegfried Leibfahrth, Dettingen

Krippenstall mit tief herabgezogenem Schindeldach

Killertaler Krippenbauer

Zwischen den niedrigen Eckpfeilern und den um ein Vielfaches längeren Bundpfeilern werden die Bodenschwellen angeleimt. Die Zwischenräume werden mit paßgenauen Preßspanstücken ausgefüllt. Je ein Rahmenholz an der Rückseite sowie über dem Tor an der Vorderseite verbinden die Bundpfeiler, die zusätzlich durch schräge Kopfbänder stabilisiert werden. Auf den beiden Rahmenhölzern liegt als Heuboden eine dunkel gebeizte Sperrholzplatte. Von den anschließend angebrachten Dachsparren muß jeweils der äußere etwas gekürzt sein. An den vorbereiteten großen Dachflächen aus Sperrholz werden die beiden oberen Ecken abgesägt. Auf den entstandenen Schrägen und den kürzeren Sparren liegen die beiden kleinen dreieckigen Dachflächen auf.

Die Schindeln bestehen aus dickem Furnier bzw. dünnen, astfreien Holzbrettchen. Als Wandverschalung werden schmale Holzleisten befestigt und dann sämtliche Holzteile dunkel gebeizt. Die „verputzte“ Wand besteht aus aufgeklebter, weiß gestrichener Rauhfasertapete oder aus dünnem, strukturiertem Karton. Nun kann das Heu auf den Boden gebracht werden, bevor dieser mit einem Geländer aus ausgenagelten Holzleisten versehen wird.

Wurzelkrippe mit Rupfenfiguren

Die rechteckige Bodenplatte, auf der die gebeizten Wurzeln arrangiert und mit Schrauben fixiert sind, ist rundum mit einer nach oben überstehenden Leiste versehen. Erhöhte Randleisten verhindern, daß Moos, Sand o. ä. verrutscht oder zu Boden fällt.
Wurzelkrippen können von allerlei Pflanzen „bewachsen" werden. Als Beispiel mögen die beiden Efeuranken gelten, die scheinbar an den Wurzeln nach oben wachsen. Efeu eignet sich für die Krippendekoration ausgesprochen gut, weil er auch im Winter grün ist und sich einige Wochen hält, wenn er in ein von Moos verdecktes Wassergefäß gesteckt wird.

Adelheid Hamm, Hausen

Wurzelkrippe mit Unterstand

Auf den ersten Blick mag man an ein Strohdach denken. Wenn man genauer hinsieht, erkennt man, daß die Dachabdeckung aus vielen kleinen, von der Rinde befreiten und angeschwärzten Hölzchen besteht. Sie ruht auf einer Trägerkonstruktion aus Zweigstücken. Die Wurzeln sind fest mit der Bodenplatte verbunden.

Anton Seitz, Günzburg

Wurzelkrippe

Es muß nicht immer Moos sein. Ein mit Sägemehl ausgestreuter Krippenboden bringt die zarten Farben dieser alten Krippenfiguren vorteilhaft zur Geltung.

Josef Schick, Ichenhausen

Wurzelhütte

Die Wurzelteile sind auf einer nierenförmigen Bodenplatte befestigt. Deutlich hebt sich eine senkrechte, etwas heller gefärbte Wurzel vom dunkleren Braun der übrigen Wurzelteile ab, die den Betrachter unwillkürlich an einen Kamin denken läßt. Der Krippenbauer scheint bei der Anordnung der Wurzeln bewußt auf die Hausform hingearbeitet zu haben. Beim genauen Hinsehen kann man den grauen und braunen Pinselauftrag erkennen, der die mit Maschendraht und Pappmaché geschlossenen Lücken verdeckt.

Die dunkle Blumenerde grenzt die Krippe scharf von der Umgebung ab und lenkt die Aufmerksamkeit auf die hellen, geschnitzten Lindenholzfiguren.

Winfried Sautter, Oxenbronn

Alpenländisches Bauernhaus

Auch Dachpappe ist ein gebräuchliches Material zur Dachdeckung. Sie wird mit breitköpfigen kurzen Nägeln auf der Sperrholzplatte befestigt, wobei die Nägel durch aufgeklebte Kieselsteine verdeckt werden. Rundum aufgeleimte Zierleisten kaschieren die Ränder der Sperrholzplatten.

Bei dem verwendeten Fichtenholz kommt die Maserung besonders gut zur Geltung, weil es zunächst gebürstet und dann mit dem Gasbrenner angesengt wurde.

Anton Kuster, Starzeln

Alpenländisches Bauernhaus

An dieser Weihnachtskrippe hat der Krippenbauer sowohl das Herstellungsjahr als auch das Ortswappen in das verputzte Mauerwerk eingelassen. Auf die Unterkonstruktion des Erdgeschosses aus Sperrholz wurde als Putz weißer Spachtelkitt aufgetragen. Die Innenwände des nach vorne offenen Stalles und der Brunnen im Hof weisen ein sehr dekoratives Natursteinmauerwerk auf. Auf die Sperrholzwände hat man hier Fliesenkleber in einer Stärke von 3 mm aufgetragen und die Kalksteine eingedrückt.

Der Wohnbereich, zu dem eine steile, schmale Treppe an der Außenwand hinaufführt, hat Außenwände aus miteinan-

Siegfried Leibfarth, Dettingen

der verzinkten Balken. Vor dem höhergelegenen Heuboden befindet sich ein mit breiten Brettern bedeckter Boden, auf dem das Heu vom Wagen aus gegabelt wird, bevor es durch ein breites Tor ins Innere gebracht werden kann, wo es aufgrund der in größeren Abständen angeordneten senkrechten Bretter gut belüftet wird.

Die Dachdeckung besteht aus gleich langen, jedoch unterschiedlich breiten, braun gebeizten Schindeln, die von zwei oder vier Holznägeln festgehalten werden. Dazu wurden in die Sperrholzunterlage und in die Schindeln kleine Löcher gebohrt und dann die hölzernen Nägel eingeschlagen.

Tiroler Bauernhaus

Anton Kuster, Starzeln

Das Erdgeschoß des Bauernhauses wurde bis auf die Rückwand aus mit Fertigputz überarbeiteten Preßspanteilen geschaffen. Das erste Stockwerk ruht auf starken Deckenbalken, wobei der auf der linken Seite gelegene Wohnbereich etwas tiefer als der Heuboden auf der rechten Seite liegt. Während die Wände der Wohnräume aus aufeinandergeschichteten und an den Ecken miteinander verzahnten Balken bestehen (vgl. Wände aus Holzbalken, Zeichnung 2), wurde für den angrenzenden Heuboden eine senkrechte Bretterverschalung gewählt.

Ein sehr markantes, aus dicken Balken gestaltetes Fachwerk trägt die schweren Pfetten mit den aufliegenden Dachsparren. Der Kamin auf dem schindelgedeckten Dach wurde aus Holz geschnitzt, verputzt und dann auf der Dachfläche befestigt. Eine aufgeleimte Zierleiste verdeckt die Ränder der mit Schindeln beklebten Sperrholzplatte.

Karl Riedinger, Hohenstein-Oberstetten

Holzunterstand vor Ruine

An dieser alten Kirchenkrippe aus Ahornholz fasziniert das sehr detailliert ausgearbeitete Mauerwerk der als Rückwand dienenden Ruine. Die aus Holz geschnitzten Steine wurden mit grauer, teilweise auch schwarzer Farbe bemalt und stellenweise mit Mauerflechten beklebt. Die seitlichen Begrenzungsmauern sind nicht rechtwinklig, sondern in einem Winkel von etwa 100 Grad mit den Rückwandmauern verleimt.

Auf die mit Holzleisten zusammengefaßten Fichtenbretter der Bodenplatte werden die verleimten Mauerteile von unten genagelt. Vor dem Gemäuer, seitlich geschützt durch Mauervorsprünge, befindet sich der aus demselben Holz gefertigte Unterstand. Fünf Stützbalken, die durch Fachwerk verbunden sind, tragen zwei lange Querbalken, auf denen Holzleisten abwechselnd – eine Leiste unten, eine Leiste oben – aufgeleimt wurden.

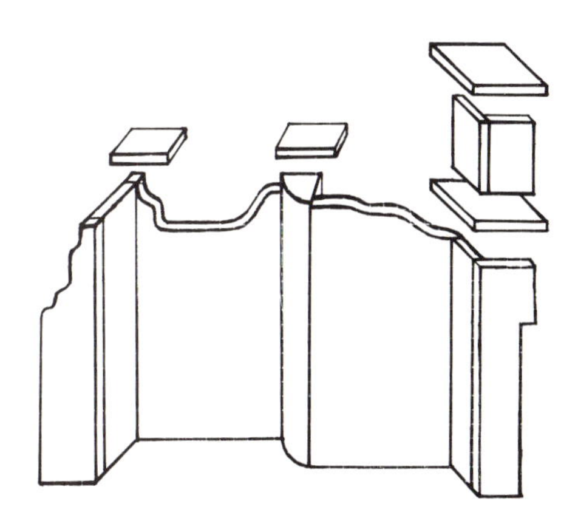

Orientalische Krippe aus dem 19. Jahrhundert

Das Gewölbe eines zentralen Raumes der symmetrisch aufgebauten Festungsarchitektur mit gotischen Rundbögen ist das Ziel der Hirten und Könige. Großzügig angelegte Treppenaufgänge weisen den Weg nach oben zu den Tempelanlagen Jerusalems. Der Krippenvorplatz wird zu den Seiten hin durch zwei niedrige Mauern und nach vorne durch einen Zaun begrenzt.

Barbara Steiner, Oberstetten

Schwäbischer Krippenberg

Eckkrippen, zu denen auch dieser Krippenberg gehört, haben einen dreieckigen Grundriß und werden meist im sogenannten „Herrgottswinkel" des Wohnzimmers aufgestellt. Drei mit Moos ausgelegte Handlungsebenen sind in eine Felslandschaft aus Wurzelstücken und grober Borke integriert. Das Zentrum dieser Krippe befindet sich in der Mitte der untersten Ebene in einer Höhle, die teilweise mit geschnitztem Mauerwerk verziert ist. Die Figuren derartiger Krippen sind aus Lehm gefertigte vollplastische Figuren, Halbreliefs oder Abdrücke aus Modeln, die mit Farben bemalt oder lackiert werden, wobei die Rückseite unbehandelt bleibt.

Krippenbauverein e.V. Ichenhausen

Korbkrippe

Für diese kompakte Korbkrippe gibt es wohl kaum Aufstellungs- und Aufbewahrungsprobleme. Ausschlaggebend für die Korbgröße sind auch hier die Krippenfiguren und evtl. die vorhandenen Wurzeln. Auf zwei senkrecht am Korbboden befestigten Wurzelteilen ruht als Dach eine dritte, breite Wurzel. In diesem Unterstand werden die Figuren angeordnet. Jeweils zur Weihnachtszeit werden die Moospolster, die Wacholder- bzw. Zypressenzweige erneuert.

Killertaler Krippenbauer

Holzblockkrippe

Mit Schnitzmesser und Hohleisen wurde diese Krippe in einen halbierten Douglasienholzblock geschnitten.
Da sich Holz durch Feuchtigkeits- und Wärmeeinwirkung ausdehnt, bzw. zusammenzieht oder verzieht, kann es vor allem bei dickeren Hölzern leicht vorkommen, daß sie reißen. Der Riß, hervorgerufen durch schwindendes Holz, ist an dieser Holzblockkrippe deutlich erkennbar.

Killertaler Krippenbauer

Steinkrippe

Sehr modern mutet diese Krippe mit ihren stilisierten Figuren an. Sie wurden aus Kieselsteinen zusammengesetzt und entstehende Fugen mit Fugenkitt gefüllt. Für die Klebearbeiten gibt es einen speziellen Steinkleber. Die fünf Strahlen an der Gebäudewand wurden mit einem feinen Schleifaufsatz mit einer Bohrmaschine herausgefräst.

Friedrich Pfister, Hausen